Thomas Frister

Gera Einst und Jetzt

Ostthüringens Bahnknoten im Wandel 1990 bis 2018

EISENBAHN KURIER
VORBILD UND MODELL

EK-Verlag

Impressum

Großes Titelbild: Die Dresdner Museumslokomotive **03 001** steht im November 1991 am Bahnsteig 2 vor der Kulisse der noch unsanierten Bahnsteighalle aus dem Jahr 1911. Im Hintergrund ist das damals noch vorhandene Dienstgebäude des Roten Kreuzes auf dem Bahnsteig 3 zu sehen.

Kleine Titelbilder: Oben: Der Bahnhof Gera Süd im März 1997 mit einem von **229 147** gezogenen Regionalexpress nach Glauchau. Der Kilometerstein „0" markiert den Beginn der Elstertalbahn.

Mitte: Blickfang dieses Bildes ist das im Jahr 1902 nach Entwürfen von Heinrich Seeling gebaute und am 18. Oktober des selben Jahres eröffnete „Fürstliche Hoftheater", an dem eine Straßenbahn auf der im November 2006 eröffneten Stadtbahnlinie 1 vorbeifährt, rechts flankiert von der Schnellzuglokomotive **01 0509**. Die war am 15. März 2014 mit einem Sonderzug nach Gera gekommen.

Unten: Von der Ochsenbrücke eröffnet sich im März 2007 der Blick auf das Areal des einstigen Bahnhofs Gera Süd mit dem nach München ausfahrenden „Vier-Länder-Express", gezogen von **218 387**. Links der „Ufer-Elster-Park" und im Hintergrund sind noch die Hochbauten des ehemaligen Sächsischen Güterbahnhofs zu sehen, die heute von Bäumen verdeckt sind.

Rücktitel: **232 290** hält im Oktober 1992 mit IR 2550 (Chemnitz – Aachen) in Gera Hbf. Noch zeigen sich der Hauptbahnhof und die Bahnsteighalle im unsanierten Zustand.

Darunter: Die kleine Auswahl von Zuglaufschildern erinnert an die ab 1992 eingerichteten direkten Fernverkehrszüge nach Hamburg, Berlin, Karlsruhe, Wilhelmshaven u. a. große deutsche Städte.

Alle Aufnahmen: Thomas Frister

Alle ohne einen Urhebervermerk versehenen Bilder stammen von Thomas Frister

Literaturverzeichnis und Quellen

Geraer Verkehrsbetrieb mbH (Hrsg), Sechs Kilometer neues Gera sind fertig, Gera 2006
Thomas Frister, Verkehrsknoten Gera, Freiburg 1999
Werner Drescher, Die Weimar-Geraer-Bahn, Freiburg 2001
Wilfried Rettig, Die Elstertalbahn, Freiburg 2006
Michael Kochems, Straßen- und Stadtbahnen in Deutschland, Band 17, Freiburg 2016
Privatarchiv des Verfassers

ISBN: 978-3-8446-6232-0

EK-Verlag GmbH – Lörracher Straße 16 – 79115 Freiburg
www.eisenbahn-kurier.de

Bearbeitung/Gestaltung: Thomas Frister
Bildbearbeitung: Rico Schreiber, Sabine Ressel

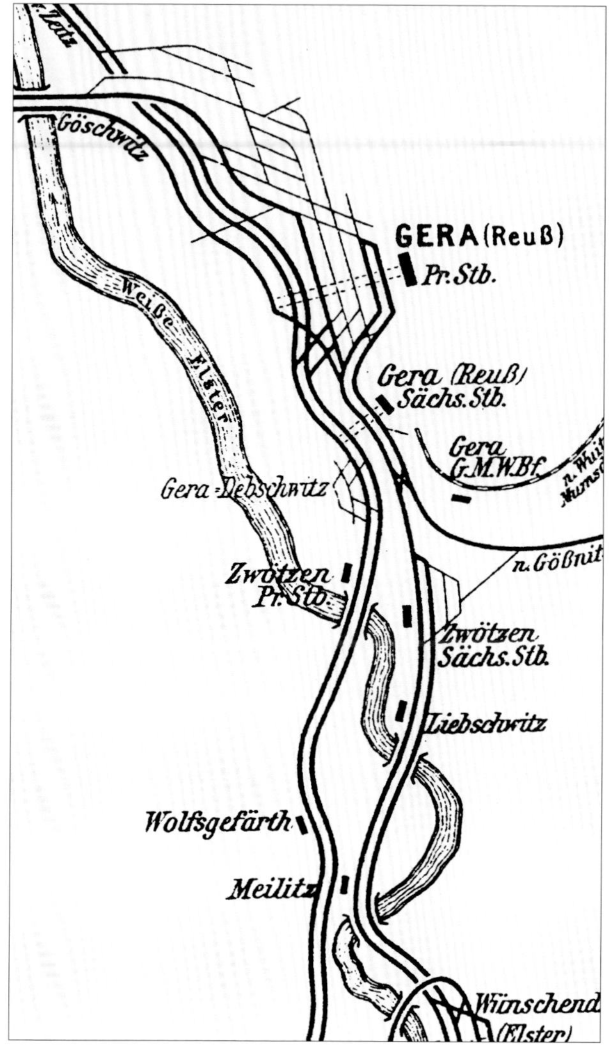

Links: Der schematische Strecken-Übersichtsplan der Eisenbahn in Gera aus dem Jahr 1914, unmittelbar nach dem Umbau der Bahnanlagen. Die Lage der Bahnhöfe, ihre damaligen Bezeichnungen und die Strecken von Preußischer und Sächsischer Staatsbahn sind darin gut erkennbar. Aus: „Sammlung von Übersichtsplänen wichtiger Abzweigstationen der Eisenbahn Deutschlands, bearbeitet im Reichs-Eisenbahn-Amt, 1914, Nachdruck", Freiburg 1981.

Bild 1 – (rechte Seite) – Blick vom neuen Haltepunkt Gera Süd auf den 1911 in Betrieb genommenen, hochgelegten und früher vier Gleise umfassenden Bahndamm zwischen dem Haupt- und dem Südbahnhof der Stadt. Der Regional-Express von Erfurt nach Altenburg verkehrt wegen des strengen Winters 2010/11 und der witterungsbedingten Unzuverlässigkeit der Neigetechnikzüge der Baureihe 612 als lokbespannter Zug. Am 1. Februar 2011 ist **232 413** dafür eingeteilt.

Inhaltsverzeichnis

Bild 2 – Blick aus der Vogelperspektive auf den Hauptbahnhof von Gera. Wenige Tage nach Entstehung dieses Bildes folgte am 22. April 2007 die Inbetriebnahme des zweiten Gleises vom Hauptbahnhof zum Abzweig Debschwitz (zweite Stufe des Elektronischen Stellwerkes Gera). Zwei Triebwagen der Baureihe 612 nach Glauchau und Zwickau (mit Zugtrennung in Gößnitz) verlassen den Bahnhof. Noch dominieren im Hintergrund die drei Schornsteine des 1996 stillgelegten Heizkraftwerkes Nord das Bild. Diese Landmarken werden bald verschwunden sein.

Bild 3 (rechte Seite) – Anstelle der drei überdachten Bahnsteige des nicht mehr existierenden Bahnhofs Gera Süd liegen heute die beiden Streckengleise zum knapp einen Kilometer entfernten Abzweig Debschwitz. Im Juni 2011 war der früher wegen der Bahnsteigüberdachungen mehr oder weniger versperrte Blick auf das 1913 in Betrieb genommene Empfangsgebäude ungehindert möglich.

Zum Geleit

Vor genau 20 Jahren (1999) erschien in der Reihe „Deutsche Verkehrsknoten" des EK-Verlages Freiburg der Titel „Verkehrsknoten Gera". Das heute längst vergriffene Buch widmete sich der Entwicklung der Eisenbahn von den Anfängen (1859) bis zur jüngsten Gegenwart in ausschließlich historischen Schwarz-Weiß-Abbildungen. Ein am Schluss dieses Buches abgedrucktes Kapitel mahnte mit Hinweis auf die Bahnreform des Jahres 1994 vor einer Abkopplung des Ostthüringer Bahnknotens vom Fernverkehr.

Die einstigen Befürchtungen sind trotz des Umbaus und der Modernisierung der hiesigen Bahnanlagen teilweise eingetreten: Die von Juni 2001 bis Dezember 2018 währende Abstinenz vom Fernverkehr der Deutschen Bahn AG und die bis heute nicht realisierte und seit 1992 geforderte Elektrifizierung der „Mitte-Deutschland-Verbindung" sind kein Ruhmesblatt aktueller deutscher Verkehrspolitik. Autor und Verlag sind deshalb gern dem vielfach geäußerten Wunsch nach einem Folgetitel nachgekommen, der sich – nunmehr komplett in Farbe – dem großen Wandel des Schienenverkehrs der vergangenen drei Jahrzehnte seit der Wiedervereinigung widmet. Mit dem Zusatz im Titel „Einst und Jetzt" sollen im Kontext zu dem einführenden Kapitel die großen Veränderungen seit dem Jahr 1990 in eindrucksvollen Bildern nachgezeichnet werden. Den interessierten Leser erwarten dazu in den Bildtexten viele oft schon wieder in Vergessenheit geratene Fakten und historische Hintergründe. Das Buch erinnert damit pünktlich zur 160-jährigen Wiederkehr des Anschlusses der Stadt an das deutsche Eisenbahnnetz (19. März 1859) an die große Geschichte der Eisenbahn in Gera. Besonderer Dank gilt meinem Freund und fotografierenden Mitstreiter Mathias Buchner für seine diesem Band beigesteuerten Bilder.

Thomas Frister, Gera im Dezember 2018

Die Eisenbahn Geras im Wandel der Zeit – 1990 bis 2018

Zum Zeitpunkt der politischen Wende in der DDR 1989/1990 zeigte sich die Eisenbahn im Bahnknoten Gera im zeitgenössischen Zustand der vergangenen Jahrzehnte: Dieses Erscheinungsbild war geprägt durch den von 1908 bis 1913 erfolgten großzügigen Umbau der Bahnanlagen der aufstrebenden Industriestadt mit den hochgelegten Gleisen zwischen Haupt- und Südbahnhof, dem umgebauten und erweiterten Bahnhof Gera Süd (1913, damals: Gera Reuß, Sächs. Stb.), der Errichtung einer neuen Betriebswerkstatt der Preußischen Staatsbahn mit zwei großen Lokschuppen im Norden der Stadt, der kreuzungsfreien Einmündung der Strecken von Leipzig und Weimar östlich von Milbitz sowie der 1892 von den Königlich Sächsischen Staatseisenbahnen errichteten Neubaustrecke zwischen Wünschendorf und Gera-Pforten mit den Bahnhöfen Liebschwitz (bis 1928 eine sächsische Enklave) und Zwötzen (später Gera Ost) nebst dem Bau eines Heizhauses (Lokschuppen) in Pforten sowie eines Verschiebebahnhofs unterhalb der Lasur. Die Kriegszerstörungen waren im Wesentlichen beseitigt, und der nach Kriegsende erfolgte Abbau der zweiten Gleise der Hauptstrecken nach Leipzig, Saalfeld und Weimar infolge der Reparationsforderungen der Besatzungsmacht gehörten im Jahr 40 der DDR ebenso zum gewohnten Bild wie die 1986 vollzogene Ablösung der letzten hier noch zu sehenden Dampfloks durch Diesellokomotiven. Blickfang im Hauptbahnhof war trotz sichtbarer Vernachlässigung die große, im Jahr 1911 fertiggestellte Bahnsteighalle, die diesem Bahnhof auch heute noch ein ganz unverwechselbares Gesicht verleiht und dankenswerterweise 1996/1997 saniert werden konnte.

Mit der politischen Wende und der Wiedervereinigung setzte ein rund 17 Jahre währender Wandel der Eisenbahn ein, der erst mit Ende des Umbaus des Bahnknotens

Bild 4 – Die markante Bahnsteighalle bestimmt seit 1911 das Erscheinungsbild des Geraer Hauptbahnhofs. Im Frühjahr 1975 sind die Spuren der Zeit an der Stirnfront gut zu erkennen. Reichlich 20 Jahre später entgeht sie einem angedachten Abriss und wird in den Jahren 1995/1996 saniert. Gerade verlässt **58 3011** (Bw Gera) mit einem Güterzug nach Zwickau den Güterbahnhof.

Bild 5 – Der nördliche Teil des Geraer Hauptbahnhofs im Mai 1975. Noch existiert das am 30. Juni 1973 außer Betrieb genommene Gaswerk, und von den Schornsteinen des später gebauten Heizkraftwerkes Nord ist noch nichts zu sehen. Der aus Leipzig kommende P 3025 führt einen Postwagen mit, der von **01 0534** an den Postbahnsteig im Hauptbahnhof rangiert werden wird.

Bild 6 – Komplett frei von Bewuchs zeigt sich im Sommer 1975 der Bahndamm der Strecke Gera – Weida in Höhe der heute hier stehenden Aral-Tankstelle in Lusan. Auf der freien Fläche im Vordergrund verläuft heute die Bundesstraße 92. **65 1026** kommt mit ihrem Personenzug aus Saalfeld.

Bild 7 – Am Bahnsteig 3 des Südbahnhofs fährt am 16. Juli 1975 der aus Saalfeld kommende P 8012 mit **41 1130** ein. Links im Bild der Bahnsteigaufgang, der noch heute als einziger Zugang vom Tunnel des Empfangsgebäudes auf den Mittelbahnsteig des neuen Haltepunktes Gera Süd existiert.

Gera im Jahr 2007 einen ersten vorläufigen Abschluss fand und das Gesicht der Eisenbahn stark veränderte. Seit der Bahnreform, der Auflösung der Deutschen Reichsbahn und der Gründung der Deutschen Bahn AG 1994 gibt es die „alte" Eisenbahn längst nicht mehr: Mit Lokomotiven bespannte Reisezüge sind Triebwagen gewichen, der Güterverkehr spielt hier nur noch eine untergeordnete Rolle, der einst flächenmäßig große und bedeutende Bahnhof im Süden der Stadt (Gera Süd) ist völlig verschwunden, und die jahrzehntelange Anbindung der Stadt an den Fernverkehr durch Schnellzüge, später InterCity (1992-1998) und InterRegio (1992-2001) pausierte bis Dezember 2018.

Fünf Eisenbahn-Haltepunkte der Stadt sind verschwunden und die früher allgegenwärtigen Betriebseisenbahner vor Ort gibt es seit der Errichtung des Elektronischen Stellwerkes Gera nicht mehr. Ein DB-Reisezentrum im Hauptbahnhof, ein Kundencenter der Erfurter Bahn, einige Eisenbahner von DB Netz und eine Personaleinsatzstelle von DB Regio für die Triebwagen der RE-Linie Göttingen – Gera – Altenburg/Glauchau/Greiz sind die Reste eines einstmals großen Dienstortes der DR, der rund zweitausend Eisenbahnern den Lebensunterhalt sicherte. Den Schienenpersonennahverkehr teilen sich heute drei Betreiber (DB Regio, Erfurter Bahn, Vogtlandbahn), die mit einem mehr oder weniger unübersichtlichen Tarifsystem und den oft als „kompliziert" empfundenen Fahrscheinautomaten dem geneigten Reisenden manches Rätsel aufgeben. Wer damit nicht klar kommt, kann bei Volkshochschulen einen „Automaten-Bedien-Kurs" buchen. Den Zeitenwandel kann man auch so ausdrücken: Einfach auf den Bahnhof gehen, eine Fahrkarte nach A oder B lösen, einsteigen und losfahren – das ist außerhalb des klassischen Nahverkehrs längst vorbei. Unterschiedliche Tarife einer Vielzahl privater Bahnunternehmen in Deutschland mit komplizierten Regelungen lassen Fernreisen mit der Eisenbahn zu einer Herausforderung wachsen. Die langjährige Praxis des Reisens vor Gründung der DB AG löst heute bei den jüngeren Generationen oft fragende Gesichter aus: beispielsweise das Lösen einer Fahrkarte auch zu Nachtzeiten nach allen Bahnhöfen des ehemaligen DR-Netzes. Das Wort „Zugbindung" war beim Erwerb einer Fahrkarte unbekannt, und die Altvorderen konnten beispielsweise jahrelang nach dem Zweiten Weltkrieg im Schlafwagen nach Berlin oder Karlsbad reisen, in den Schnellzügen liefen Speisewagen mit, und die Ostsee war selbstverständlich umsteigefrei in einem D-Zug erreichbar. Ein „Bedienzuschlag" beim Kauf einer Fahrkarte am Fahrkartenschalter (heute: „Reisezentrum") war unbekannt.

Verkehrspolitisch ist die Zeit seit 1990 kein Erfolg für Gera: Die nach der Wiedervereinigung entwickelte Vision einer „Mitte-Deutschland-Verbindung" ist schon lange der tatsächlichen deutschen Verkehrspolitik geopfert worden. Daran ändert auch nicht die 2017 von Politik und DB AG versprochene und für 2028 (!) anvisierte Elektrifizierung der Strecke Weimar – Gera – Gößnitz. Zur Erinnerung: Die Bezeichnung „Mitte-Deutschland-Verbindung" (MDV) entstand als Arbeitstitel bei der Ausarbeitung des Bundesverkehrswegeplanes 1993 und fand im Bundesschienenwegeausbaugesetz (Gesetz über den Ausbau der Schienenwege des Bundes – BSchwAG – vom 15. November 1993, BGBl I S.1874) entsprechende Aufnahme: In der Anlage des Gesetzes, dem „Bedarfsplan für die Bundesschienenwege", war unter „1. Vordringlicher Bedarf" und unter dem Buchstaben „b) Neue Vorhaben" in der Ziffer 10. a) die Ausbaustrecke Paderborn – Bebra – Erfurt – Weimar – Jena – Glauchau – Chemnitz aufgeführt, die seitdem allgemein als „Mitte-Deutschland-Verbindung" in der Öffentlichkeit bekannt ist. Sie sollte im West-Ost-Verkehr eine überregionale Rolle im Schienenverkehr zwischen dem Ruhrgebiet, Hessen, Thüringen und Sachsen spielen. Realisiert wurde das Projekt im ursprünglichen Sinne nie. Nachfolgend die wichtigsten Veränderungen der Jahre 1990 bis 2018:

Bild 8 – Als Gera noch an das deutschlandweite InterRegio-Netz angeschlossen war: Am 18. August 1998 fährt der IR 2583 aus Wilhelmshaven in den Geraer Hauptbahnhof ein. Vom Gaswerk ist nichts mehr zu sehen, während die drei Schornsteine des HKW Nord noch das Bild dominieren.

Bild 9 – Nicht gehaltene Versprechungen: Mit dem „InterRegio ins Ruhrgebiet" warb die DB AG auch in Gera Hbf. Im September 1998, dem Aufnahmezeitpunkt des Motivs, hatte der Vorstand des bundeseigenen Unternehmens das Ende des beliebten Zugsystems längst beschlossen.

Infrastruktur und Güterverkehr

Die bedeutendsten Veränderungen der Bahnanlagen erfolgten während des Umbaus des Knotens Gera von 2003 bis 2007. Ursprünglich schon früher geplant, feierten Vertreter von Politik und Bahn den offiziellen Startschuss am 29. August 2005 in Gera Hbf. Bereits ab Juli 2003 sorgten der Abbau einzelner Gleise in Vorbereitung des Umbaus und ein umfangreicher Schienenersatzverkehr für zahlreiche Einschränkungen im Bahnbetrieb. Besonders einschneidend erwies sich die ab 30. August 2003 eingerichtete eingleisige Betriebsführung zwischen dem Haupt- und dem Südbahnhof (bis 22. April 2007). Am 7. November 2003 gab es den Startschuss für den Bau des neuen Straßenbahntunnels unter den Gleisen des Hauptbahnhofs für die künftige Stadtbahnlinie 1, dem im Januar 2005 der Abbruch des Postbahnsteiges in Höhe des heutigen Straßenbahntunnels folgte. Bis 2007 herrschte zudem zwischen dem Haupt- und dem Südbahnhof eine rege Bautätigkeit mit dem Abbruch und dem Neubau von sechs der sieben die Straßen querenden Eisenbahnbrücken des von 1909 bis 1911 hochgelegten und ursprünglich vier Gleise umfassenden Bahndammes. Lediglich die genietete stählerne Brücke über die Ernst-Toller-Straße direkt am Hauptbahnhof steht nach über 110 Jahren noch immer und belegt die Solidität damaliger Bauausführung.

Der Spurplan von Gera Hbf erfuhr bei dem bis Sommer 2007 währenden Umbau eine grundlegende Veränderung. Die Stumpfgleise östlich der durchgehenden Hauptgleise des Güterbahnhofes unterhalb der Berliner Straße (wegen des Wasserreichtums bei den Eisenbahnern auch als „Quelle“ bezeichnet) sind ebenso verschwunden wie alle Stellwerke auf den Geraer Bahnhöfen und Haltepunkten. Einzige Ausnahme ist das in das Brückenbauwerk am Hauptbahnhof baulich einbezogene und heute leer stehende ehemalige sächsische Stellwerk „Gs“ – siehe Bild 51 auf Seite 32.

Zwischen dem 21. und dem 28. September 2006 folgte die Inbetriebnahme der ersten Stufe des Elektronischen Stellwerkes (ESTW) Gera. Bedient wird das ESTW Gera durch die Betriebszentrale in Leipzig. Die Stellwerke der Bahnhöfe in Gera Hbf und Gera Süd (nebst weiteren auf den Strecken nach Göschwitz und Ronneburg) wurden zu diesem Zeitpunkt außer Betrieb genommen. Als am 30. November 2006 auch das Rangierstellwerk „Gr“ in Gera Hbf außer Betrieb genommen wurde, ein Teil der Gleisanlagen des dortigen Stellwerksbezirkes gleichzeitig stillgelegt oder auf Ortsbedienung umgestellt wurden, endete auch auf den Geraer Bahnhöfen die Epoche der klassischen Stellwerke. Am 22. April 2007 folgten die Inbetriebnahme und Erweiterung des ESTW (Ostseite Gera Hbf), des (zweiten) Streckengleises Gera Hbf – Abzweig Gera-Debschwitz sowie die Vollinbetriebnahme des (neuen) Haltepunktes Gera Süd.

Bild 10 (oben) – Am 4. November 2005 zeigen sich schon Teile des Hauptbahnhofes ohne Gleise. Im Hintergrund das drei Jahre später abgebrochene Fahrdienstleiter-Stellwerk „Ga“.

Bild 11 (unten) – Die Gleise am Bahnsteig 1 und zum Güterbahnhof (links) im Südbahnhof waren im Juni 2005 schon außer Betrieb. Blick aus dem im Oktober 2008 abgerissenen Stellwerk „Gsn“.

Bild 12 – Der Bahnhof Gera Süd im Oktober 1997, aufgenommen von der 1998 abgerissenen Ochsenbrücke. Während **229 126** mit einem InterRegio nach Chemnitz ausfährt, wartet im Hintergrund ein Güterzug mit einer Lokomotive der Baureihe 219 auf die Weiterfahrt nach Weida. Das Areal der Westseite des Südbahnhofs scheint langsam im Unkraut zu verschwinden. Dort, wo der Güterzug steht, befindet sich heute der Ufer-Elster-Park.
Vorläufer des Bahnhofs Gera Süd war der am 1. Juni 1886 eröffnete Güterbahnhof Gera-Pforten, dessen Hochbauten nahe der Reichsstraße noch heute existieren. Ab 1. Mai 1893 hielten schließlich auch die Reisezüge der Strecken nach Gößnitz und Weischlitz am 1892/93 errichteten Empfangsgebäude, das heute privat genutzt wird. Am 1. Juni 1896 folgte die Umbenennung in Gera (Reuß) Sächs. Stb. Das heutige Empfangsgebäude auf dem Sachsenplatz stammt aus dem Jahr 1913.

Mit dem Umbau des Knotens Gera verschwand auch der bisherige Bahnhof Gera Süd mit den Gleisanlagen der früheren Sächsischen- und Preußischen Staatsbahnen. Seit dem 21. September 2006 gibt es mit der Inbetriebnahme der ersten Stufe des neuen ESTW Gera diesen Bahnhof nicht mehr, nachdem die alten Anlagen schrittweise ab dem Jahr 2003 abgebrochen worden waren. Die drei überdachten Personenbahnsteige mit früher sechs (ab 1946: vier) Gleisen in Höhe des heute noch vorhandenen und 1913 eröffneten Empfangsgebäudes am Sachsenplatz wurden Schritt für Schritt beginnend ab August 2005 abgerissen. Anstelle dieser Bahnsteige befindet sich heute weiter nördlich und direkt an der Brücke über die Heinrichstraße am Clubzentrum „Comma" ein Haltepunkt mit einem Mittelbahnsteig, der zugleich als Verknüpfungsstelle zu Bus und Straßenbahn dient. Betrieblich ist dieser Bahnsteig ein Haltepunkt. Völlig verschwunden sind der (ehemalige sächsische) Güterbahnhof östlich der durchgehenden Gleise und der einstige (preußische) Güterbahnhof Debschwitz im Westen des Areals.

Während die östliche Fläche heute teils brach liegt, befindet sich auf dem westlichen Gelände und den 1996 stillgelegten Anlagen des früheren Heizkraftwerkes Gera Süd nebst der 1958/59 errichteten Anschlussbahn der Ufer-Elster-Park mit einem Gewerbegebiet. Beide entstanden im Zuge der Bundesgartenschau (2007). Auch der große und an die heutige Reichsstraße grenzende Kohleumschlagplatz auf dem ehemaligen sächsischen Güterbahnhof ist verschwunden. Der Abbau der Hochbauten und Gleisanlagen des Südbahnhofs begann im Januar 2003. Vom 19. Juni 2005 bis zur Inbetriebnahme des zweiten Gleises am neuen Haltepunkt Gera Süd am 22. April 2007 stand hier nur ein Bahnsteig zur Verfügung, über den der ganze Eisenbahnverkehr der drei Strecken in Richtung Ronneburg, Wünschendorf (Elster) und Weida abgewickelt wurde.

Umfangreiche Veränderungen erfuhr auch der Bahnhof Gera-Zwötzen, der – beginnend im Jahr 2000 – für die künftige Errichtung einer Verknüpfungsstelle mit der Straßenbahn (und dem Bau einer Wendeschleife) komplett umgestaltet wurde. Ein neuer

Bild 13 – Dieses Bild von den ehemals sächsischen Gleisen des Güterbahnhofs in Gera Süd zeigt das ursprüngliche Höhenniveau der dortigen Bahnanlagen, aufgenommen am 24. November 1991. Rechts des Stellwerkes verliefen früher die Hauptgleise der preußischen Strecke nach Saalfeld und der sächsischen Strecken nach Gößnitz und Weischlitz. Links neben dem Stellwerk „Gsb" befinden sich die vor dem Ersten Weltkrieg neu und weiter westlich errichteten und 3,30 m höher angelegten Hauptgleise. Im Hintergrund das alte, am 1. April 1893 eröffnete sächsische Bahnhofsgebäude, das bis zur Eröffnung des neuen Empfangsgebäudes am Sachsenplatz im Juli 1913 in Betrieb war. Mit dem Umbau des Knotens Gera wurden die hier zu sehenden Gleise und im Jahr 2008 auch das Stellwerk abgebrochen.

Bild 14 – Seit dem 24. Oktober 2016 ist der Haltepunkt Gera Ost stillgelegt, nachdem die Elstertalbahn nahe Röppisch am neuen Abzweig Wolfsgefärth in die Strecke Gera – Weida mündet bzw. abzweigt. Das Bild zeigt am 12. März 1999 einen Zug zum Dolomitwerk in Wünschendorf, der von **298 315** gezogen wird. Einst hieß der Bahnhof Zwötzen Sächs. Stb., wurde 1920 in Zwötzen Ost und 1931 in Gera Ost umbenannt. Rechts im Bild führten früher die Gleise zum Verschiebebahnhof, dem sächsischen Heizhaus (Lokschuppen) und dem 1946 abgebauten Verbindungsbogen zur Strecke Gera – Ronneburg (– Gößnitz).

Bild 15 – Am 18. Juni 2004 ging am umgebauten Hp Gera-Zwötzen der neue Bahnsteig in Betrieb, der zugleich Verknüpfungsstelle zu Straßenbahn und Bus ist. Am 14. Oktober 2014 treffen sich hier Tw **210**, der noch für die geplante Neubaustrecke nach Langenberg wirbt, und EB-Tw **310**.

Bild 16 – Der Haltepunkt Gera-Langenberg, eröffnet von der Preußischen Staatsbahn am 1. Oktober 1893 als „Langenberg (Reuß)", verlor beim Umbau und der Verlegung des Gleises nach Osten den Mittelbahnsteig mit Überdachung, Aufnahme vom 28. Februar 2000. AUFNAHME: MATHIAS BUCHNER

Bahnsteig, der von Bus und Straßenbahn sowie den Zügen der Strecke Gera – Weida (– Hof/Saalfeld) gleichzeitig genutzt wird, konnte am 18. Juni 2004 eröffnet werden. Eine „Modernisierung" erfuhr auch der Haltepunkt Gera-Langenberg. Bei Bauarbeiten 1999 wurden das Streckengleis auf das Planum des ehemaligen zweiten Gleises verlegt und dabei die stählerne Bahnsteigüberdachung und der Mittelbahnsteig abgetragen.

Nach gut zehnjähriger Pause gab es zwischen Februar und Oktober 2016 eine weitere das Stadtbild prägende Veränderung hiesiger Bahnanlagen. Teile der 1892 von der Sächsischen Staatsbahn errichteten Neubaustrecke zwischen Wünschendorf (Elster) Nord (früher Hp Meilitz) und Gera Süd sind am 24. Oktober 2016 zwischen dem km 5,3 (nördlich des Haltepunktes Wünschendorf Nord) und km 1,3 (Abzweig Debschwitz) stillgelegt worden, nachdem die Elstertalbahn am neu errichteten Abzweig Wolfsgefärth am Strecken-km 79,7 LLP (LLP = bahnamtliche Abkürzung der Strecke **L**eipzig-**L**eutzsch – **P**robstzella) in die Strecke Gera – Weida mündet. Ursprünglich endete die in Weischlitz beginnende Elstertalbahn bis 1892 schon einmal im Bahnhof Wolfsgefärth (später Gera-Röppisch). Die im Jahr 1892 von der Sächsischen Staatsbahn errichtete neue Strecke und dem wenig später gebauten großen Heizhaus (Lokschuppen) nebst eines Verschiebebahnhofes mit Verbindungskurve in Richtung Ronneburg in der Gemarkung Pforten unterhalb der Lasur umfasste auch die neu errichteten Bahnhöfe Liebschwitz (damals sächsische Enklave) und Zwötzen (später Gera Ost).

Bei der Verlegung der Elstertalbahn in die Strecke Gera – Weida erfolgte auch der zweigleisige Ausbau zwischen dem Abzweig Gera-Debschwitz und dem seit 24. Oktober wieder zum Bahnhof erhobenen ehemaligen Hp Gera-Zwötzen. Gleichzeitig errichtete die DB in Gera-Zwötzen einen neuen Kopfbahnsteig. Der frühere Haltepunkt Gera-Röppisch, auf dessen Areal heute der Abzweig der Elstertalbahn liegt, ist durch den Abbruch sämtlicher Hochbauten im Jahr 2005 und der später hier neu verlegten Bundestrasse 92 mit einem Kreisverkehr nicht mehr zu erkennen.

Das Projekt war schon einmal nach 1990 ins Auge gefasst worden, später aber wegen fehlender Finanzierung und ständigen Strukturänderungen der seit 1994 zuständigen DB Netz AG nicht weiter verfolgt worden. Aktueller Grund der Stilllegung dieses Teils der Elstertalbahn im Stadtgebiet von Gera war aber letztlich der abgängige und seit

Bild 17 – Das seit Jahren abgängige und zuletzt nur mit 10 km/h befahrbare Viadukt in Gera-Liebschwitz ist der wahre Grund der 2016 mit der Einschwenkung der Elstertalbahn in die Strecke Gera – Weida verbundenen Stilllegung dieses Streckenabschnittes. Schon nach 1990 wurde das Projekt diskutiert, aber nicht umgesetzt. Der VT 612 ist am 31. Juli 2015 auf der Fahrt nach Greiz .

Bild 18 – **VT 04** der Vogtlandbahn quert am 9. Februar 2011 die 250 m lange Grundwasserwanne der Stadtbahnlinie 1 an der Lasur. Hätte man die 2016 erfolgte Verlegung dieses Teils der Elstertalbahn bereits früher mit dem Umbau des Knotens Gera verbunden, wäre das Verbauen von 6.300 m^3 Beton und 3.030 m^2 Spundbohlen überflüssig geblieben. Zehn Jahre nach Fertigstellung steht das Bauwerk nun nutzlos in der Landschaft – und verursacht Kosten.

vielen Jahren nur noch mit 10 km/h befahrbare Viadukt in Gera-Liebschwitz. Zu einem Neubau der ursprünglich zweigleisigen, 226 m langen, 1891 erbauten, und 1926 erneuerten Brücke war die DB AG nicht bereit. Kritiker bemängelten schon damals beim Umbau des Knotens Gera 2003 bis 2007 die aus Kostengründen unterlassene Einmündung der Elstertalbahn am ehemaligen Haltepunkt Gera-Röppisch. Gleichzeitig wurde viel Geld ausgegeben: Mit dem Bau der Stadtbahnlinie 1 nach Zwötzen musste ein teures Unterführungsbauwerk mit Grundwasserwanne unter den Bahndamm der Elstertalbahn errichtet werden, das nur zehn Jahre später, seit dem 24. Oktober 2016, wegen der Stilllegung der Eisenbahnstrecke nunmehr nutzlos in der Landschaft steht…

Der allgegenwärtige Aderlass der Schieneninfrastruktur nach 1994 bedeutete für Gera auch die Schließung von Haltepunkten und Bahnhöfen. Neben der Umwandlung des Bahnhofs Gera Süd in einen Haltepunkt schloss die Deutsche Bahn AG am 1. Juni 1997 den Hp Gera-Thieschitz, am 28. Mai 2000 den Hp Gera-Röppisch und am 12. Dezember 2010 den ehemaligen Hp Gera-Kaimberg, der erst am 10. Dezember 2006 in Gera-Gessenthal umbenannt wurde. Mit der Einmündung der Elstertalbahn in die Strecke Gera – Weida am 24. Oktober 2016 existieren auch der frühere Haltepunkt in Gera Ost und der Bahnhof Gera-Liebschwitz nicht mehr.

Bilder 19 und 20 (oben) – Den Haltepunkt Gera-Thieschitz durchfährt im August 1995 ein von **01 1531** und **38 1182** gezogener Sonderzug. Seit 1. Juni 1997 hält hier kein Zug mehr. Das Bild links oben zeigt den ehemaligen Haltepunkt am 26. Juli 2012 mit dem Neigetechnikzug **612 145**.

Bild 21 (unten links) – Seit dem 12. Dezember 2012 halten keine Züge mehr im Haltepunkt Gera-Kaimberg (Gera-Gessenthal), hier im Zustand vom Oktober 1993 mit der Glauchauer **228 762**.

Zu den sichtbaren Veränderungen gehört auch das Schicksal des heute nicht mehr existierenden ehemaligen Bahnbetriebswerkes Gera (Bw Gera) im Norden der Stadt direkt an der Eselsbrücke. Als Investition in die Zukunft und Garant des künftigen Erhaltes der Dienststelle galt der in den Jahren 1990/91 noch von der Deutschen Reichsbahn vorgenommene Um- und teilweise Neubau des Lokschuppens 1. Die moderne Hebetechnik im neu gebauten Teil des Lokschuppens mit sieben Gleisen sollte auch künftig eine anspruchsvolle Unterhaltung moderner Triebfahrzeuge sichern. Die Instandsetzung des 1960/61 erbauten Sozialgebäudes und der Lokleitung sowie der Bau einer neuen Heizanlage rundeten das Sanierungsprogramm ab.

Mit der Gründung der Deutschen Bahn AG am 1. Januar 1994 und den damit verbundenen Veränderungen firmierte das Bw Gera nun als „Betriebshof Gera". Die neuen Strukturen – damals sprach man von der „Divisionalisierung" der DB AG – führten letzt-

Bilder 22 und 23 – Der Lokschuppen 1 einst und jetzt: Das obere Bild (27. Januar 2000) mit drei Lokomotiven der BR 219 erinnert an den hier herrschenden regen Betrieb. Unten: Am 10. Oktober 2018 zeigt sich der 1991 modernisierte Lokschuppen wegen fehlender Nutzung bereits als Biotop. Nach dem Umzug des Vereins „Geraer Eisenbahnwelten" im Dezember 2018 auf das Gleis 215 ist das Areal heute wieder beräumt.

lich zu einer Teilung des Triebfahrzeugdienstes in Einsatz/Beheimatung (im Geschäftsbereich Traktion) und Triebfahrzeug-Unterhaltung (im Geschäftsbereich Werke). Wenig später, im Jahr 1996, folgte die Auflösung des Betriebshofes Gera als selbstständige Dienststelle. Als Außenstelle Gera des Betriebshofes Saalfeld bestand die Dienststelle aber weiterhin.

Am 1. November 2001 schloss die Lokleitung (hier erfolgte die Disponierung der Triebfahrzeuge und Personale), während die Werkstatt von DB Regio zunächst noch weiterhin in Betrieb blieb. Die Unterhaltung von Triebfahrzeugen im Werk Gera endete schließlich am 1. Juli 2002. Bis September erfolgte die Räumung der Werkstatt, nachdem ab 1. Juli nur noch Gelegenheitsreparaturen erfolgten. Ab 1. September 2002 sollte ursprünglich der planmäßige Einsatz von Diesellokomotiven enden und die Leistungen mit modernen Triebwagen erbracht werden. Wegen Fahrzeugmangels blieb der Einsatz der letzten Dieselloks der Baureihe 219 bis Anfang März 2003 bestehen. Zuvor endete bereits mit dem Jahreswechsel 2000/2001 die Nutzung des Lokschuppens 2. Geblieben ist aktuell noch eine Personaleinsatzstelle für die in Erfurt beheimateten Triebwagen der Baureihe 612 von DB Regio im Gebäude der einstigen Fahrmeisterei auf dem Hauptbahnhof.

Fast schon wieder vergessen ist die von 2006 bis 2008 viel Aufmerksamkeit erregende Vision einer Eisenbahn-Erlebniswelt mit dem schönen englischen Namen „Railworld". Die von einem fränkischen Geschäftsmann präsentierte Idee versprach der Stadt ein „230-Millionen-Projekt" mit jährlich bis zu „2 Mio. Besuchern". Diese Zahlen konnten die Geraer staunend von den örtlichen Medien und aus Verlautbarungen des damaligen Oberbürgermeisters zur Kenntnis nehmen. Die geplante Eisenbahn-Erlebniswelt sollte sich auf Teilen des nicht mehr benötigten Güterbahnhofs in Gera Hbf und dem Areal beider Lokschuppen erstrecken. Eine vorgelegte Machbarkeitsstudie prognostizierte jedoch entgegen der gigantischen Visionen deutlich geringere Erwartungen. Im Sommer 2008 platzten die Illusionen mit dem Wegzug der „Visionäre" nach Gelsenkirchen.

Mehrere Gebäude am Lokschuppen 1 unterhalb der Berliner Straße wurden im Herbst 2014 abgerissen. Der 1991 modernisierte und teilweise neu erbaute Lokschuppen 1 zeigt sich heute als ein weitgehend von der Natur zurückerobertes Areal. Im Schuppen 2 war nach der „Railworld"-Episode bis Ende 2018 der Verein „Geraer Eisenbahnwelten e.V" ansässig, der bis zur Kündigung durch den Eigentümer das über 100 Jahre alte Bahnbetriebswerk mit neuem Leben erfüllte und die Tradition der ehemaligen Eisenbahnerstadt Gera wach hielt. Auf einem Gleis am Schuppen 1 hat der Verein nunmehr eine neue Bleibe gefunden.

Eisenbahn-Stadt Gera

Gera war viele Jahrzehnte eine Stadt der Eisenbahn und mit bis zu 2.000 Beschäftigten zugleich eine große „Eisenbahner-Stadt". In der Hoch-Zeit des Schienenverkehrs nach Umbau und Erweiterung der Bahnanlagen vor dem Ersten Weltkrieg reihten sich über eine Entfernung von 6,9 km zahlreiche Personen- und Güterbahnhöfe, die zwischen dem Haupt- und dem Südbahnhof durch den viergleisigen Bahndamm verbunden waren.

Wir beginnen – gedanklich in der Zeit nach dem Ersten Weltkrieg – unsere fast 7 km lange Reise von Nord nach Süd am Strecken-Km 70,7 LLP (Strecke **L**eipzig-**L**eutzsch – **P**robstzella) etwa in Höhe von Schloss Tinz (bzw. aktuell am abgebrannten ehemaligen Milchhof in der Werner-Siemens-Straße). Hier zweigen die Gleise zum Güterbahnhof (Gera Hbf) ab, die sich südlich des 1923 erbauten Gaswerkes verbreitern und an der Eselsbrücke mit den zwei großen Anlagen des Bahnbetriebswerkes eine das Stadtbild prägende Ausdehnung erreichen.

Addiert man beispielsweise die Anzahl der nebeneinander liegenden Gleise des Güterbahnhofes unterhalb der heutigen Berliner Straße in einer direkten Linie in Richtung Untermhaus, kommt man auf die Zahl 50. Südlich des Personenbahnhofes in Gera Hbf folgt der viergleisige Damm zum Südbahnhof (Strecken-Km 74,3 LLP). Im Bahnhof Gera Süd liegen links und rechts der drei Bahnsteige mit seinen sechs Gleisen die Anlagen des früheren sächsischen Güterbahnhofes, während sich rechts der ehemalige preußischen Güterbahnhof Debschwitz befindet. Die Anlagen der Güterbahnhöfe münden südlich der Ochsenbrücke am Stellwerk „Gso" in die jeweiligen Streckengleise (Ronneburg, Wünschendorf und Weida).

Hier beginnen auch sofort die Gleisanlagen zum (sächsischen) Umlade- und Verschiebebahnhof (ab 1922: Gera Süd Vbf) sowie zum (sächsischen) Lokschuppen (ab 1922: Bw Gera Süd) unterhalb der Lasur. Der Verschiebebahnhof endet am Strecken-Km 2,8 GWz (**G**era – **W**eischlitz). Gemessen vom Kilometer 70,7 LLP haben wir beginnend ab Tinz fast 7 km zurückgelegt, die einschließlich der Strecke zwischen Haupt- und Südbahnhof mit ausgedehnten Bahnanlagen und Bahnhöfen bebaut sind. Wenn man noch die im Süden der Stadt liegenden Bahnhöfe Liebschwitz (Strecken-km 4,08 GWz, jeweils Höhe Empfangsgebäude) und Zwötzen (Strecken-km 76,9 LLP) einbezieht, die nur wenige hundert Meter von den Bahnhöfen Gera Ost und Gera Süd entfernt liegen, beträgt die Strecke mit aneinandergereihten Bahnhöfen und Bahnanlagen rund 8 km. ❑

Bild 24 (oben) – Keine 100 Jahre hatte das 1910 im Norden der Stadt errichtete frühere Bahnbetriebswerk Bestand. Im Jahr 2002 endete hier die Unterhaltung von Triebfahrzeugen. Die DB ließ im Spätherbst 2014 einen Teil der Hochbauten am Schuppen 1 abreißen. Während das Gelände um den 1990/91 um- und teilweise neu gebauten Lokschuppen 1 langsam zu einem Biotop wurde, hatte bis Ende 2018 im Lokschuppen 2 der Verein „Geraer Eisenbahnwelten e.V." sein Domozil gefunden. Am 15. Oktober 2014 macht der Bagger die Lokleitung des ehemaligen Bw Gera dem Erdboden gleich.

Bild 25 (links) – Herbst 2014 am ehemaligen Bw Gera: Der Abriss von Hochbauten hat begonnen. Das Stellwerk zur Bedienung der Gleisbalkenbremsen unterhalb des Ablaufberges ist bereits nur noch Schutt. Im Hintergrund die große Brachfläche, auf der einst 20 Stumpfgleise lagen, die an der Franz-Mehring-Straße endeten, zu den Umladegleisen und der Ladestraße führten sowie der Zugbildung dienten.

Bild 26 – Kesselwagen-Ganzzüge, die je nach Bedarf verkehren, bestimmen derzeit das Bild des Güterverkehrs im Eisenbahnknoten Gera. Befördert werden solche Züge hauptsächlich durch private Eisenbahnverkehrsunternehmen. Am 23. Juli 2013 ist die ehemalige My 1149 der Dänischen Staatsbahn (NoHAB, Baujahr 1965) als **1227 008** der Altmark-Rail mit einem Leerzug aus dem Tabeg-Tanklager Lederhose auf dem Weg nach Norden. Vergleichen Sie diese Aufnahme mit dem Bild 7 auf Seite 7. Es entstand exakt an der selben Stelle, dem Aufgang vom Fußgängertunnel zum Bahnsteig 2 im Bahnhof Gera Süd, allerdings mit dem Blick in Richtung Südosten. Der in Bildmitte sichtbare Entlüftungsschacht lag am südlichen Ende des Bahnsteiges 2 des Bahnhofs, der sich zwischen diesen Gleisen befand.

Mit dem Zusammenbruch der hiesigen Wirtschaft – gern auch von der Politik als „Strukturwandel" bezeichnet – änderte sich auch die Rolle der Eisenbahn im Güterverkehr dramatisch. Besonders hart traf es die Stadt Gera mit der Liquidierung großer Teile der Textilindustrie und des Maschinenbaus sowie die gesamte Region Ostthüringen mit dem Wegfall des Uranerzbergbaus und dem damit wegbrechenden Güterverkehr. Bereits am 27. September 1990 endeten die ab 1972 eingerichteten Wismut-Berufsverkehrszüge zu den Werkbahnhöfen der SDAG Wismut in Schmirchau, Beerwalde und Drosen, mit denen einst täglich tausende Wismut-Kumpel ins Revier befördert wurden. Der Transport von Rohbraunkohle – früher eine der Hauptaufgaben der DR im Güterverkehr – verschwand innerhalb von sechs Jahren fast vollständig. Mit der Stilllegung der beiden großen Heizkraftwerke im Jahr 1996 gehörte der Kohletransport mit Ganzzügen der Vergangenheit an. Zahlreiche Gleisanschlüsse im Stadtgebiet von Gera, die bis 1990/91 in Gera-Langenberg, Gera Hbf, Gera Süd, Gera Ost, Gera-Liebschwitz und Gera-Röppisch einen Teil des Güterumschlags mit der DR abwickelten, brachen infolge Insolvenzen oder der Umstellung auf LKW-Verkehr weg. Der Rückbau der Infrastruktur auf den Bahnhöfen aus vermeintlichen Kostengründen und die Schließung der Bahnhöfe als Gütertarifpunkte machte diese Entwicklung bis heute unumkehrbar. Gleisanschlüsse gibt es aktuell nur noch entlang des Industrieanschlussgleises, das vom Hauptbahnhof nach Langenberg führt. Die Betriebsführung im Auftrag des Geraer Verkehrsbetriebes, der das Anschlussgleis seit 2006 betreibt, erledigt die Firma Oiltanking. Ein Lichtblick im Güterverkehr ist das erweiterte Stahlo-Werk, das auf den Gütertransport per Schiene setzt.

Im Jahr 2018 zeigt sich der Güterverkehr im Knoten Gera recht überschaubar: Planmäßig durch DB Cargo – der Güterverkehrssparte der bundeseigenen DB AG – werden von Gera Hbf aus Anschließer in Bad Köstritz (Chemiewerk), Wünschendorf (Dolomitwerk) und Greiz-Dölau (Chemiewerk) an einzelnen Verkehrstagen bedient. Einen planmäßigen Güterverkehr auf der Mitte-Deutschland-Verbindung zwischen dem Raum Erfurt, Gera und Westsachsen gibt es seit Jahren nicht mehr. Auf der Strecke Gera – Gößnitz/Altenburg verkehren Bedarfszüge verschiedener Bahnunternehmen wie die in Kayna ansässigen Starkenberger Baustoffwerke oder umgeleitete Güterzüge. Regelmäßig verkehren Ganzzüge mit Mineralölprodukten durch private Eisenbahnverkehrsunternehmen zu Oiltanking in Gera, dem Tabeg-Lager in Lederhose oder über die Strecke Gera – Mehltheuer (– Hof) zu Zielen von und nach Bayern.

Bild 27 (rechts) – Noch stehen im April 1994 an der südlichen Einfahrt des Bahnhofs Gera-Zwötzen vor der Elsterbrücke die Telegraphenmasten und das Formsignal. **220 292** erreicht an diesem Frühlingstag mit einem Kesselwagenzug aus Hof den kleinen Bahnhof.

Bild 28 – Das Industrieanschlussgleis im Norden der Stadt führt bis nach Langenberg. Im Bild die Gleise der Wagenübergabestelle (Wüst) am 14. Juni 2017. Lok **232 673** der LEG hat vom Anschluss Oiltanking einen Leerzug übernommen, der zurück nach Hamburg fahren wird. AUFNAHME: MATHIAS BUCHNER

Personennah- und Fernverkehr

Im Jahr der Wiedervereinigung konnte die DR ein vergleichsweise breites Angebot im Zugverkehr anbieten. Bedingt durch die deutsche Teilung und die de-facto-Monopolstellung der DR sorgte das größte Staatsunternehmen der DDR im Wege der allgemeinen Daseinsvorsorge im Nah- und Fernverkehr für umfangreiche Reisemöglichkeiten. Stabile und staatlich gestützte Preise – 8 Pf in der 2. Klasse und 11,6 Pf in der 1. Klasse sowie verschiedene Ermäßigungen – ermöglichten ein preiswertes Reisen.

Auf der West-Ost-Achse (der heutigen „Mitte-Deutschland-Verbindung") sorgten zahlreiche Schnell-und Eilzüge für umsteigefreie Verbindungen nach Erfurt, Meiningen oder Eisenach sowie nach Karl-Marx-Stadt und Dresden. Die direkte Verbindung nach Berlin besorgte bereits ab 1950 ein Schnellzugpaar zwischen Berlin und Plauen (V) unt Bf über Gera Hbf, dem 1968 der „Städteschnellverkehr" (Gera – Berlin – Gera) folgte. Ab 1. November 1976 gab es mit einem neu eingelegten „Städte-Express" eine weitere Verbindung in die damalige DDR-Hauptstadt. Auf der Strecke Leipzig – Gera – Saalfeld verkehrten mehrere Eilzüge, die zeitweise in Cottbus endeten oder in Sonneberg begannen. Im innerdeutschen Verkehr – in der DDR aus den bekannten politischen Befindlichkeiten als „international" bezeichnet –, gab es ab 1965 ein Zugpaar nach Nürnberg mit Kurswagen nach Stuttgart sowie ab 1966 eine Schnellzugverbindung nach Duisburg bzw. Düsseldorf. Lange Jahre führten internationale Zugläufe über die Elstertalbahn in das böhmische Bäderdreieck nach Karlsbad, die bereits 1982 endeten.

Nach der Grenzöffnung im November 1989 legte die DR ab Jahresbeginn 1990 ein Schnellzugpaar in die Partnerstadt Nürnberg ein, das als D 1406/1407 bis zum Fahrplanwechsel Mitte 1991 verkehrte. Eine nächtliche Verbindung zwischen Köln und Chemnitz

Bild 29 – Zu den zahlreichen Schnellzugverbindungen früherer Epochen gehörten auch die D-Züge in Richtung Osten nach Chemnitz (früher: Karl-Marx-Stadt), Dresden und Görlitz. Der im April 1991 auf der Elsterbrücke in Gera-Liebschwitz fotografierte D 601 (Erfurt – Chemnitz) verkehrte im Winterfahrplan 1990/91 planmäßig über die Elstertalbahn bis Wünschendorf (Elster) und von dort über die heute stillgelegte Strecke nach Werdau (– Zwickau). Hinter der Lokomotive **119 190** läuft ein Wagen der Deutschen Post. Die ehemals zweigleisige, 226 m lange, und 1926 erneuerte Brücke löste den ursprünglichen Brückenbau aus dem Jahr 1891 ab. Wenige Jahre nach dem Entstehen dieses Bildes musste hier die Geschwindigkeit wegen unterlassener Instandhaltung herabgesetzt werden, zuletzt auf nur noch 10 km/h. Am 23. Oktober 2016 fuhr letztmalig ein Zug über das marode Bauwerk.

Bild 30 (oben) und **Bild 31 (rechts)** – Mit Beginn des Jahresfahrplanes 1992/93 erhielt Gera mit einem Zugpaar von und nach Berlin – später bis Hamburg-Altona verlängert – innerhalb der neuen IC-Linie 8 Anschluss an das Netz der InterCity-Züge der Deutschen Bahnen. Das Bild rechts zeigt die Ausfahrt des IC704 „Caroline Neuber" im Juni 1997. Gezogen wird der Zug von **232571,** und am Zugschluss ist auch noch die mitgeführte Ellok der Baureihe 120 zu erkennen, die den IC nach dem Richtungswechsel in Leipzig Hbf nach Berlin ziehen wird. Knapp zwei Stunden zuvor wurde der leere Wagenpark am frühen Morgen nebst Ellok von Erfurt nach Gera überführt.

über Gera (Fahrplan 1991/92: D 1450/1451, Gera Hbf Abfahrt 0:03 nach Köln, 4:32 Ankunft von Köln) rundete damals u.a. das Angebot neuer Reisemöglichkeiten ab. Das Jahr 1991 läutete die künftigen Veränderungen im Fernverkehr ein. Das Zugpaar des „Städte-Express" nach Berlin entfiel mit dem Fahrplanwechsel im Mai 1991. Damals schien es nicht vorstellbar, dass nur wenige Jahre später mit der Bahnreform der Personenverkehr aus einem von den Ländern (ab 1996) zu bestellenden und aus Steuermitteln subventionierten Schienenpersonennahverkehr (SPNV) und einem eigenwirtschaftlich zu betreibenden Fernverkehr bestehen würde.

Mit dem Jahresfahrplan 1992/1993 ab 31. Mai entfielen die letzten noch verkehrenden D-Züge, die nun teilweise als Eilzüge unterwegs waren. Zugleich begann an diesem Tag für Gera das Zeitalter der InterCity- und InterRegio-Züge. Vier Zugpaare verkehrten auf der neuen IR-Linie 20 von Chemnitz ins Ruhrgebiet mit Zugläufen bis Düsseldorf, Köln und Aachen. Gleichzeitig erhielt Gera innerhalb der IC-Linie 8 für die weggefallenen Schnellzugverbindungen nach Berlin ein IC-Paar in die Bundeshauptstadt, das später bis Hamburg-Altona verlängert wurde. Mit Beginn des Jahresfahrplanes 1997/98 am 1. Juni 1997 wurde die Säge angesetzt: Der IC 701 lief zwar nach Berlin und Hamburg, die Rückleistung führte aber nach Erfurt. Am 23. Mai 1998 um 7:15 Uhr verließ der letzte InterCity nach Berlin den Hauptbahnhof in Gera. Die Fahrzeit von drei Stunden und vier Minuten zwischen Gera und Berlin lag nur unwesentlich unter der Fahrzeit des Jahres 1939 (zum Vergleich Sommerfahrplan 1939: D 125, Gera Hbf ab 10:50 Uhr, Berlin Anhalter Bf an 13:58 Uhr, 3:08 Std.). Neu war ab 24. Mai 1998 ein IR-Paar nach Wilhelmshaven über Leipzig, Hannover und Bremen, das nur einen Fahrplanabschnitt in

Bild 32 – E-Loks gab und gibt es in Gera trotz fehlender Fahrleitung immer wieder zu sehen. Weil die Rückleistung des IC nach Hamburg-Altona nicht nach Gera, sondern in die Landeshauptstadt Erfurt führte, schleppte am zeitigen Morgen eine Diesellok den Leerzug von Erfurt nach Gera. Mitgeführt wurde auch die E-Lok – hier **120 154** im Mai 1998 –, die ab Leipzig den Zug ziehen wird. Später wird die DB AG die mangelnde Akzeptanz des Zuges beklagen und ihn streichen. Es war nach Meinung von Kritikern die bekannte „Salamitaktik", eine Zugverbindung unattraktiv zu machen...

den Fahrplantabellen stand. Mit dem Jahresfahrplan 1995/96 am 28. Mai bot die DB AG ein IR-Paar von Gera über Zeulenroda – Hof – Nürnberg– Stuttgart nach Karlsruhe an.

Die von der DB AG gewollte Liquidierung des bei Reisenden sehr beliebten InterRegio-Netzes erreichte zum Fahrplanwechsel im Mai 1999 auch Gera: Die InterRegios nach Karlsruhe und Wilhelmshaven verkehrten ab 30. Mai nicht mehr und für die IR-Linie 20 auf der Mitte-Deutschland-Verbindung begann mit der Streichung von drei der vier IR-Paare zwischen Gera und Chemnitz das Totenglöckchen des Fernverkehrs in der Region zu läuten. Am 9. Juni 2001 war es dann schließlich vollbracht. An diesen Tag verließ letztmalig ein InterRegio mit Ziel Aachen den Geraer Hauptbahnhof. Knapp elf Jahre nach der deutschen Wiedervereinigung und im achten Jahr der Deutschen Bahn AG fand der klassische Fernverkehr in der Region für siebzehneinhalb Jahre ein Ende.

Bild 33 (links) – Drei Jahre später traf es die letzte InterRegio-Verbindung auf der einst euphorisch beworbenen Mitte-Deutschland-Verbindung. Am 9. Juni 2001 kündet eine Kreideaufschrift an der Zuglok **234 641** in Gera Hbf vom allerletzten InterRegio-Zugpaar von und nach Aachen.

Bild 34 – Das Dilemma deutscher Verkehrspolitik offenbart dieses Bild vom 9. November 2000 mit Blick auf den Geraer Ortsteil Rubitz: Während die im Hintergrund sichtbare und parallel zur Mitte-Deutschland-Verbindung (MDV) verlaufende Autobahn A4 erst kurz zuvor umfassend saniert, auf sechs Fahrspuren ausgebaut und mit Lärmschutzwänden versehen, das Elstertal quert und wie eine Landmarke den Verlauf der Ost-West-Verbindung markiert, rollt ein 612-Pärchen auf der hier nur eingleisigen und nicht elektrifizierten MDV dem Geraer Hauptbahnhof entgegen. 2002 verlegte DB Netz das Gleis zwischen der Elsterbrücke bei Gera-Milbitz und Töppeln beim Ausbau auf Neigezugtechnik in die Mitte des einst zweigleisigen Planums (vgl. auch Bild 19 auf Seite 15). Wollte man die Strecke wieder zweigleisig ausbauen, wäre deshalb eine komplett neue Planung erforderlich – und das dauert mittlerweile in Deutschland sehr, sehr lange...

Einen Versuch, die Stadt wenigstens mit einer Verbindung nach Berlin und Rostock wieder an das Netz der Fernverkehrszüge anzuschließen, blieb mit dem privat betriebenen „InterConnex" nur eine Episode. Nach der Betriebsaufnahme am 1. März 2002 endete die Verbindung bereits wieder am 10. Dezember 2006, als das Unternehmen das Zugpaar zwischen Leipzig und Rostock in einen lokbespannten Zug umwandelte und wegen der fehlenden Fahrleitung die Verbindung nach Gera strich.

Nach über 17 Jahren ohne DB-Fernverkehr gibt es seit dem 9. Dezember 2018 mit der neuen IC-Linie 50 (Köln – Gera) wieder drei InterCity-Zugpaare, die Gera mit Kassel, Düsseldorf und Köln verbinden. Ursprünglich sollte die Linie im Dezember 2016 starten.

Mit der Bahnreform und der Gründung der Deutschen Bahn AG legte der Gesetzgeber zugleich die Verantwortung des Schienenpersonennahverkehrs (SPNV) in die Verantwortung der Länder. Diese bestellen seit 1996 bei Eisenbahnverkehrsunternehmen den Zugverkehr, der wiederum mit Bundesmitteln (den sogenannten Regionalisierungsmitteln) pro gefahrenen Kilometer subventioniert wird. Die sogenannten Bestellerorganisationen – in Thüringen ist es die Nahverkehrsservicegesellschaft Thüringen mbH – sind

Bild 35 (links) – Der erste „InterConnex" von Gera über Berlin nach Rostock steht am Morgen des 1. März 2002 zur Jungfernfahrt bereit. Bereits nach reichlich vier Jahren stellte der private Betreiber das Angebot wieder ein, weil die Strecke Leipzig – Gera nicht elektrifiziert ist.

Bild 36 – Eine besondere „Fern“-Verbindung besaß Gera von März 2003 bis Dezember 2007 mit dem „Vier-Länder-Express“, der Leipzig und München via Gera, Hof und Regensburg verband. Finanziert wurde die als „Schienenpersonennahverkehr“ deklarierte 485 km (!) lange Verbindung durch die Länder Sachsen, Sachsen-Anhalt, Thüringen und Bayern. Die DB AG selbst kann niemand zwingen, eine solche Verbindung vorzuhalten, weil der Gesetzgeber mit der Bahnreform den Fernverkehr als „eigenwirtschaftlich“ definierte. Folge: Ein privatrechtlich organisiertes Unternehmen kann, muss aber nicht solche Verbindungen anbieten, weil bei den Gesetzesänderungen zur Bahnreform der Auftrag zur Schaffung eines Bundesgesetzes bislang nicht erfüllt wurde (siehe Kasten unten). Im August 2003 sehen wir den „Vier-Länder-Express“ auf der Fahrt nach München in Gera Hbf. Wegen erster Bauarbeiten im Knoten Gera wurden jetzt die Reisezüge über die Gleise des Güterbahnhofs geführt. Die Lokomotive **218 303** wird den Zug bis Regensburg befördern.

Artikel 87 e, Absatz 4, GG: „Der Bund gewährleistet, daß dem Wohl der Allgemeinheit, insbesondere den Verkehrsbedürfnissen, beim Ausbau und Erhalt des Schienennetzes der Eisenbahnen des Bundes sowie bei deren Verkehrsangeboten auf diesem Schienennetz, soweit diese nicht den Schienenpersonennahverkehr betreffen, Rechnung getragen wird. Das Nähere wird durch Bundesgesetz geregelt.“

damit auch für die Abbestellung der Zugverbindungen auf den jeweils im Land liegenden Strecken zuständig. In Ostthüringen begann im Jahr 2000 die Eisenbahn, „bunt“ zu werden. Der Freistaat beauftragte nach zunehmenden Konflikten mit der DB AG wegen der Vernachlässigung der Infrastruktur (mit Streckensperrungen und Notfahrplänen) für einige Strecken in Ostthüringen und zu Lasten der hier bislang allein tätigen DB Regio deshalb auch private Unternehmen. Ab 28. Mai 2000 bedienten Triebwagen der Vogtlandbahn die Strecke Gera Hbf – Zeulenroda – Mehltheuer. Zum Jahresfahrplanwechsel 2003/2004 ab 15. Dezember fiel diese Strecke wieder an DB Regio zurück, während die Vogtlandbahn seitdem auch auf der Elstertalbahn einen Teil der Züge stellt.

In diese Zeit fällt auch die Einführung des „Vier-Länder-Express“ zwischen Leipzig, Gera, Hof, Regensburg und München. Dabei handelte es sich eigentlich um eine Fernverbindung, die unter der Flagge des SPNV von den beteiligten Ländern Sachsen, Sachsen-Anhalt, Thüringen und Bayern finanziert wurde. Mit einer Diesellok bespannt und teilweise aus ehemaligen InterRegio-Wagen gebildet, bot der Zug einen durchaus akzeptablen Komfort fern des nervigen Dröhnens der Dieselmotoren in den unbequemen Triebwagen. Der Vier-Länder-Express startete am 29. März 2003, wurde aber bereits am 9. Dezember 2007 wieder eingestellt. RE-Zugpaare zwischen Gera und Hof, gebildet aus Triebwagen der Baureihe 612, mit Wagendurchlauf bis Regensburg verkehrten bis 9. Juni 2012. Am folgenden Tag, dem 10. Juni 2012, übernahm nach gewonnener Ausschreibung des sogenannten „Dieselnetzes Ostthüringen“ die Erfurter Bahn den Verkehr auf zahlreichen Strecken der Region: den Gesamtverkehr auf der Strecke Leipzig – Gera – Saalfeld, die Züge der Strecke Gera – Hof und die Regionalbahnen zwischen Erfurt/Weimar und Gera. DB Regio ist seitdem in Ostthüringen nur noch mit der RE-Linie 1/3 zwischen Göttingen und Glauchau via Erfurt und Gera (mit Flügelzügen von/nach Altenburg bzw. Greiz) vertreten. Die Flügelzüge von Göttingen nach Zwickau (Zugtrennung in Gößnitz) gehören seit dem 15. Juni 2014 der Vergangenheit an. ❑

Bild 37 (oben) – Im Jahr 2018 teilen sich drei Eisenbahnverkehrsunternehmen den Schienenpersonennahverkehr in Gera. Seit Juni 2012 gehört dazu auch die Erfurter Bahn (EB), ein kommunales Unternehmen der Landeshauptstadt. Die Triebwagen der EB bedienen u.a. die Strecken nach Erfurt, Saalfeld und Hof. Am 4. Juni 2018 liefern sich **VT 328** der Erfurter Bahn nach Saalfeld und der mit Werbung versehene **VT 64** der Vogtlandbahn am Abzweig Debschwitz ein „Wettrennen“.

Bild 38 (rechts) – Die Vogtlandbahn ist seit Mai 2000 in Gera präsent und bedient die Elstertalbahn. An der 2006/2007 gebauten Verknüpfungsstelle von Bahn, Bus und Straßenbahn in Gera Süd sehen wir einen Triebwagen dieser Gesellschaft. Was so regional klingt, ist eigentlich italienisch: Die **Vogtlandbahn** ist eine Marke des Unternehmens **Die Länderbahn**, eines Eisenbahnverkehrsunternehmens mit Sitz in Viechtach und zugleich 100-prozentige Tochter der **Regentalbahn AG**. Die Regentalbahn gehört zu **Netinera Deutschland**, die wiederum eine Gesellschaft der italienischen **FS-Gruppe** ist. Die **FS** (Ferrovie dello Stato Italiane) ist die staatliche Eisenbahngesellschaft Italiens.

Bild 39 – DB Regio ist heute in Gera nur noch mit Triebwagen der Baureihe 612 auf den RE-Linien 1 und 3 von Göttingen über Erfurt nach Gera und Altenburg/Glauchau/Greiz anzutreffen. Als man noch von Gera nach Regensburg umsteigefrei reisen konnte, entstand am 7. September 2010 dieses Bild.

Bild 40 (linke Seite) – Von der Lasur, die am höchsten Punkt mit 290 m ü. NN deutlich über dem Talgrund der Weißen Elster liegt, eröffnet sich ein großartiger Blick auf Teile von Zwötzen und Debschwitz. Unten ist der ehemalige Lokschuppen der Sächsischen Staatsbahn aus dem Jahr 1893 zu sehen, der bis 1926 in Betrieb war. Auf der Brachfläche davor lag der sächsische Umlade- und Verschiebebahnhof mit neun Gleisen, die teilweise überdacht waren. Nach 1945 befand sich hier einer der größten Abstellplätze kriegsbeschädigter oder erbeuteter Fremdlokomotiven der Reichsbahndirektion Erfurt, der auch als „Lokfriedhof Gera Süd" bekannt war. Später dienten die verbliebenen Gleise als Abstellplatz für Waggons, die hier verschrottet wurden. Das frühere Bahnbetriebswerk wird seit Jahrzehnten von einem Metallaufbereitungsbetrieb genutzt. In der DDR firmierte das Unternehmen zuletzt als „VEB Metallaufbereitung Zwickau, Außenstelle Pforten". Dahinter der heute stillgelegte Teil der Elstertalbahn, auf dem am 7. März 2011 ein Güterzug mit der Lokomotive **294 825** auf dem Weg nach Greiz-Dölau zu sehen ist.

Bild 41 (oben) – Im August 1992 entstand ebenfalls von der Lasur dieses Bild von der Strecke Gera – Gößnitz am Beginn des Gessentals. Die 1865 eröffnete eingleisige Strecke ist heute Teil der Mitte-Deutschland-Verbindung. Das Motiv wird durch einen von **220 335** (Bw Gera) gezogenen Kesselwagenzug bestimmt, aber besonders beeindruckend erscheint heute der Blick auf das ehemalige Pfortener Gut, das zwei Jahre nach der Wiedervereinigung von einem EU-Neuwagen-Händler genutzt wird. Von dem Gebäudeensemble steht heute nur noch der Turm (siehe Bild links), der Rest wurde beim Bau der Stadtbahnlinie 1 abgebrochen. In der DDR diente das Gelände zuletzt dem VEB Handelstransport Gera.

Bild 42 (links) – Knapp 20 Jahre später, am 28. Februar 2011, wird die Fläche von dem jetzt frei stehendem Turm des ehemaligen Gutes bestimmt. Auf dem Weg nach Altenburg zieht **232 259** einen Regional-Express aus Erfurt, der für einige Monate im Winter 2010/11 wieder als lokbespannter Zug verkehren musste, weil die hier eingesetzten Triebwagen der Baureihe 612 dem schneereichen Winter nicht gewachsen waren.

Relikte der alten Eisenbahn: Stellwerke

Bild 43 – Das Fahrdienstleiter-Stellwerk „Ga" konnte am 7. Juli 1992 von der östlichen Bahnhofsseite und mit der gerade umsetzenden **228 773** fotografiert werden. Die Preußische Staatsbahn errichtete in den Jahren 1910/11 das Gebäude beim Umbau der Bahnanlagen vor dem Ersten Weltkrieg. Fast 100 Jahre später folgte im November 2008 der Abriss.

Bild 44 (oben links) – Das Stellwerk „Gs“ mit Blick von der westlichen Gleisseite mit einem aus Gera Süd einfahrenden Nahverkehrszug, der von **219 154** gezogen wird. Der Baustil des sächsischen Betriebsgebäudes unterscheidet sich von den preußischen Stellwerken, die meist in Fachwerktechnik errichtet wurden. Insofern bestand in Gera Hbf lange Jahre die Möglichkeit, die unterschiedlichen Baustile einer einzigen Epoche auf einem Bahnhof zu vergleichen.

Bild 45 (oben rechts) – Das Stellwerk „Gs“ in Gera Hbf im Zustand vom Sommer 2017. Es wurde von der Sächsischen Staatsbahn vor dem Ersten Weltkrieg errichtet. Bemerkenswert ist die formschöne Einbeziehung in das dortige Brückenbauwerk über die heutige Ernst-Toller-Straße mit dem anschließend beginnenden Bahndamm zum Südbahnhof. Es ist das einzige heute noch in Gera existierende ehemalige Stellwerk, allerdings ohne betriebliche Nutzung.

Bild 46 – Nochmals das Fahrdienstleiterstellwerk „Ga“ auf dem Geraer Hauptbahnhof mit Blick aus Richtung Südwesten. Auf Gleis 12 fährt im Mai 1996 eine von **229 173** gezogene Regionalbahn aus Weimar ein. Das Stellwerk wirkt aus dieser Sicht durch den bröckelnden Putz schon recht desolat. Vergleichen Sie den Baustil des preußischen Betriebsgebäudes mit dem der Sächsischen Staatsbahn anhand des in der gleichen Zeitepoche entstandenen Stellwerkes „Gs“ (siehe Bilder oben).

Bild 47 – Aus Leipzig kommend, erreicht der samstags verkehrende Milchcontainerzug ins italienische Verona mit **219 050** und **219 084** am 16. Mai 1998 das Stellwerk „Gmi“. Der Zug lief über die Strecke Gera – Mehltheuer (– Hof). In der Entwurfszeichnung aus dem Jahr 1910 ist das Bauwerk als „Stellwerksturm Milbitz“ bezeichnet. Es erklärt die betriebliche Abkürzung „Gmi“.

Bild 48 (rechts) – Das Stellwerk „Gmi“ am 19. Mai 1998, diesmal mit Blick aus Richtung Langenberg. Die Lage des Stellwerkes am Überführungsbauwerk über die Weimar-Geraer-Bahn ist aus dieser Perspektive gut zu sehen. Der von **219 099** gezogene Güterzug fährt nach Zeitz.

Bild 49 – Direkt am Stellwerk „Gmi“ liegen die Gleise von und nach Weimar. Am 15. August 2004 passiert ein Regional-Express aus Erfurt mit **232 635** das Bauwerk und wird dabei die über den Güterbahnhof führenden Gleise nutzen. Wegen der (erneut) zeitweiligen Stilllegung der Neigezugtechnik an den Triebwagen der Baureihe 612 verkehrten damals lokbespannte Ersatzzüge. Aufnahmen (3): Mathias Buchner

Bild 50 – Das Stellwerk „Gmi" mit dem Überführungsbauwerk der Weimar-Geraer-Bahn und der darunter von und nach Leipzig führenden Strecke. Am 16. Januar 1993 durchfährt **228 764** mit einem Nahverkehrszug aus Leipzig das Bauwerk. Ganz links ist noch das Planum des 1946 abgebauten ehemaligen Richtungsgleises Weimar – Gera zu erkennen, das westlich der (beiden) Gleise der Strecke Leipzig-Leutzsch – Probstzella direkt in den Personenbahnhof führte. Das Stellwerk „Gmi" wurde im Sommer 2008 abgerissen. Die 220 m hohen Schornsteine des Heizkraftwerkes Nord verschwanden bis Dezember 2010.

Bild 51 (oben links) – Das Stellwerk „Gn“ im nördlichen Teil des Güterbahnhofes in Gera Hbf, aufgenommen im letzten Betriebszustand am 24. Juni 2006. Die Entwurfszeichnung stammt aus dem Jahr 1900, der Abbruch datiert vom November 2008. Die alten Fenster sind schon teilweise verblendet, und im Hintergrund laufen die Bauarbeiten an den Gleisen im Zuge des Umbaus des Knotens Gera. AUFNAHME: MATHIAS BUCHNER

Bild 52 (oben rechts) – Das Stellwerk „Gr“ direkt am Bahnbetriebswerk und den Güterzuggleisen unterhalb der Berliner Straße am 22. September 2001. Es war für die am Ablaufberg verzweigenden Gleise und damit u.a. für den Rangierdienst zuständig. Abgebrochen wurde es im August 2014.

Bild 53 (rechts) – Auch das war ein Stellwerk: Für die Bedienung der am 17. Dezember 1976 in Betrieb genommenen Balkenbremsen am Ablaufberg in Gera Hbf errichtete die DR dieses Gebäude gegenüber der Lokleitung direkt an der Eselsbrücke. Die Balkenbremsen ersetzten die gefährliche Arbeit der Hemmschuhleger. Am 25. Juni 2006 war das 2014 abgebrochene Bauwerk längst außer Betrieb, und von den Balkenbremsen ist nichts mehr zu sehen. Im Hintergrund der leergeräumte Lokschuppen 1. Vorn mit einem Arbeitszug eine DR-V 100 der Firma „Martin Rose Gleisbau“. AUFNAHME: MATHIAS BUCHNER

Bild 54 – Das ehemalige sächsische Stellwerk „Gsn“ im Bahnhof Gera Süd entstand beim Umbau des Bahnhofs Gera Reuß Sächs. Stb., hier im Zustand mit neuem Anstrich und Dach im Mai 1992. Noch wird hier mit Kohle geheizt, wie der Brikettkhaufen am Gebäude beweist. Die Dienstkohle wurde bei der DR früher üblicherweise einfach vor Ort abgekippt. Die Sanierung des hübschen Stellwerkes hat nichts genützt, es wurde einige Jahre später nicht mehr gebraucht und 2008 abgerissen. Rechts im Bild sehen wir **346 535** beim Rangieren. Direkt am Stellwerk verlief das Ausziehgleis für den örtlichen Ablaufberg, von dem aus die Wagen in die Richtungsgleise liefen. Der Prellbock dieses Gleises lag rund 150 m weiter direkt vor der Brücke über die Heinrichstraße am heutigen Clubzentrum „Comma“.

Bild 55 – Blick auf die ehemaligen Anlagen und Gebäude des am 1. Dezember 1892 hier eröffneten Bahnhofs Gera-Pforten der Sächsischen Staatsbahn, der im Juni 1896 in „Gera (Reuß) Sächs.Stb." umbenannt wurde. Im Hintergrund steht das am 1. Mai 1893 in Betrieb genommene Empfangsgebäude, vorn das 2003 abgebrochene Stellwerk „Gsr". Das Bild zeigt eindrucksvoll die alten sächsischen Bahnhofsanlagen und die wenige Jahre später vor dem Ersten Weltkrieg neu angelegten und 3,30 m höher angelegten Gleise (links im Bild). Die Bahnsteige der sächsischen Strecken nach Gößnitz und Weischlitz lagen bis 1913 direkt vor dem alten Empfangsgebäude. Das Bild zeigt den Zustand im Mai 1997. Heute ist das Areal im Vordergrund eine eingezäunte Lagerfläche.

Bild 56 – Das Stellwerk „Gsb" lag fast in der Mitte des Bahnhofs Gera Süd. Der aus Saalfeld gerade einfahrende Regional-Express ist am 23. Mai 2001 mit drei Lokomotiven bespannt: **232 376, 232 206** und **219 087**. Die beiden „Ludmillas" sind zur Vermeidung einer Lz-Fahrt dem Zug vorgespannt worden. Fast 9.000 PS befördern den Drei-Wagen-Zug. Der Standort des Fotografen befindet sich auf dem Gelände des am 22. November 1909 eröffneten ehemaligen preußischen Güterbahnhofs Debschwitz, dessen Fläche heute Teil des Ufer-Elster-Parkes ist. Insgesamt sechs Stellwerke sind auf dem Gleisplan des Jahres 1944 in Gera Süd verzeichnet: „Gsn" (Nordkopf), „Gsr" (Rangierbezirk, nahe des alten Empfangsgebäudes), „Gsb" (ursprünglich für die sächsischen Güterzugbildungsgleise, später Fahrdienstleiterstellwerk), „Gso" (Südkopf) sowie die schon lange nicht mehr genutzten Stellwerke „Do" und „Gsmi". Das Stellwerk „Do" (Debschwitz Ost) regelte früher den Zugverkehr auf den preußischen Gleisen und lag direkt an der Ochsenbrücke zwischen den preußischen und den sächsischen Gleisen (siehe auch Bild 123 auf Seite 78).

Bild 57 – Direkt an der Verzweigung der Strecken nach Glauchau, Weischlitz und Saalfeld im Bahnhof Gera Süd lag das Stellwerk „Gso", hier aufgenommen im März 2004 mit einem Triebwagen der Vogtlandbahn. Das Stellwerk wurde im Juni 2008 abgebrochen. Links des Stellwerkes verlief ursprünglich ein Bahnübergang, der die Zwötzener Straße mit der Gessentalstraße verband. Mit dem 1911/12 erfolgten Bau der Ochsenbrücke wurde er überflüssig. Von dem damals zugleich angelegten Fußgängertunnel unter den Gleisen, der auf alten Gleisplänen noch eingezeichnet ist, sind heute keine Spuren mehr zu finden, nachdem die zuletzt noch existierende Überdachung am früheren Tunneleingang in der Zwötzener Straße mit dem Umbau des Bahnhofs verschwand. Die Aufnahme des zweigleisigen Betriebs zwischen dem damaligen Bahnhof Gera (Reuß) Sächs. Stb. und Wünschendorf (Elster) datiert vom 29. April 1911. Im Zuge der Reparation erfolgte im Jahr 1946 der Abbau des zweiten Gleises. Es wurde nie mehr aufgebaut.

Bild 58 – Unmittelbar am mächtigen Kohlebunker der ehemaligen Firma Schulenburg & Bessler in Zwötzen lag das Stellwerk „Zn" an der nördlichen Bahnhofs-Ausfahrt direkt am Bahnübergang. Das Stellwerk war am 5. April 2001 und nach dem Umbau des Bahnhofs bereits außer Betrieb, nachdem hier eine moderne Schrankenanlage gebaut wurde. **219 069** schiebt eine Regionalbahn von Saalfeld nach Gera Hbf. Der Kohlebunker mit Gleisanschluss und Krananlage zur Entladung der Güterwagen entstand in den Jahren 1923/24 nach einem Entwurf des Geraer Architekten Kurt Jahn.

Bild 59 (oben) – Das Stellwerk „Zn" (Zwötzen Nord) entstand in der früher üblichen Fachwerkbauweise, hier im Zustand vom 2. April 2001. Kurz nach Anfertigung dieses Bildes erfolgte der Abbruch.

Bild 60 (oben rechts) – Auf dem rund 2 km Luftlinie entfernten Bahnhof Gera Ost an der Elstertalbahn stand am Bahnübergang in der Kaimberger Straße das Stellwerk „Zs", erbaut in den Jahren 1910/11 von der Sächsischen Staatsbahn. Errichtet wurde es beim zweigleisigen Ausbau der Strecke zwischen Wünschendorf und Gera (Reuß) Sächs. Stb. Das Bild zeigt den funktionslosen Zustand des Gebäudes im Februar 2003 mit bereits vernagelten Fenstern. Hier zweigten auch die Gleise zum sächsischen Verschiebe- und Umladebahnhof und dem 1,07 km langen Verbindungsbogen zur Strecke Gera – Ronneburg (Abkürzung: GWzC, „Verbindungsbogen bei Zwötzen nach Linie GGa", GGa: Strecke Gößnitz – Gera) sowie dem Heizhaus (Lokschuppen) unterhalb der Lasur ab. Direkt am Stellwerk lag das Anschlussgleis der Firma Sonntag, zuletzt ein Betriebsteil des VEB Werkzeugmaschinenfabrik UNION Gera.

Bild 61 (rechts) – Die südliche Ausfahrt des Bahnhofs Gera-Zwötzen direkt am Bahnübergang zur Pfarrstraße. Das rechts zu sehende Gebäude war auch ein Stellwerk. Es wurde zwischen den Weltkriegen außer Betrieb genommen und diente nach 1945 als Wohnunterkunft für Heimatvertriebene. Später nutzten es Eisenbahner privat. Der Abbruch erfolgte mit dem Umbau des Bahnhofs Zwötzen. Am 7. Oktober 1993 ist die aus einem Doppelstockzug gebildete Regionalbahn nach Saalfeld bei einer der damals in Thüringen häufig veranstalteten Plandampfveranstaltungen mit der Cottbuser Museumslokomotive **03 2204** bespannt.

Gera Hbf: Ein Bahnhof verändert sich

Bild 62 (linke Seite) – Vom Stellwerk „Gmi“ ganz im Norden der Stadt blicken wir im Juli 1998 auf den Geraer Hauptbahnhof. Ganz rechts im Bild verläuft die Strecke nach Leipzig. In der Bildmitte die Gleisanlagen der Weimar-Geraer-Bahn in Richtung Jena mit dem ausfahrenden Regionalexpress 6930, der von **229 171** gezogen wird. Links befinden sich die Gleise des Güterbahnhofs, die weiter nördlich in die Strecke Gera – Leipzig einmünden. Im Hintergrund ist die markante optische Linie der 1989/1990 erbauten neuen Eselsbrücke zu sehen. Bis 1882 hatte der heutige Hauptbahnhof den Zusatz „Thüringer Bahnhof“, weil er der Thüringer Eisenbahn-Gesellschaft (Th.E.G.) gehörte. Mit der Verstaatlichung der Th.E.G.-Strecken am 1. Mai 1882 durch Preußen und der Bildung der „Königlich Preußischen Eisenbahn-Direktion Erfurt“ (KED Erfurt) erhielt der heutige Hauptbahnhof die neue Bezeichnung Gera (Reuß) Pr. Stb.
AUFNAHME: MATHIAS BUCHNER

Bild 63 (oben) – Einst und jetzt: Beide Motive zeigen die Anlagen des Hauptbahnhofes nördlich der Eselsbrücke in einem zeitlichen Abstand von nur sechs Jahren. Die obere Aufnahme vom 23. Mai 2001 hat den Zustand vor dem Umbau des Knotens Gera bildlich festgehalten. Noch stehen die drei Schornsteine des Heizkraftwerkes Nord als Landmarken. Die früher hier bildbestimmende Kulisse des Gaswerkes (siehe auch Bild 5 auf Seite 6) ist längst verschwunden, und hinter dem Zug ist der ehemalige Ablaufberg des Güterbahnhofes zu erkennen. Der mit Schrott beladene Güterzug wird von **232 206** gezogen.

Bild 64 (links) – Das Bild links zeigt die Situation nach dem Umbau der Gleisanlagen am 30. März 2007 mit dem aus Erfurt einfahrenden Regional-Express nach Zwickau und Glauchau (Trennung der Triebwagen in Gößnitz), der an diesem Tag aus den Triebwagen **612 025/034** und **612 027** gebildet ist. Noch fehlen die später hier aufgestellten Lampen zwischen den Gleisen. Im Hintergrund ist noch das 2008 abgebrochene Stellwerk „Gn“ zu erkennen. Die Triebwagen der Baureihe 612 stehen seit dem 18. Mai 2000 im planmäßigen Einsatz von DB Regio. Sie sind bei den Fahrgästen wegen des lauten Geräuschpegels der Motoren und den unbequemen, engen Sitzen wenig beliebt.

Bild 65 – Nochmals die Sicht von der Eselsbrücke nach Norden mit den beiden links zu sehenden Einfahrgleisen der Strecken aus Leipzig und Weimar. Die führen direkt und unter Umgehung des Güterbahnhofes zu den Personenbahnsteigen in Gera Hbf. Da beide Strecken ursprünglich zwei Gleise besaßen, lagen hier früher vier Gleise. Die zweiten Gleise wurden 1946 auf Anordnung der Besatzungsmacht abgebaut und beide Hauptstrecken sind bis heute (2018) eingleisig geblieben.
Im Juni 1999 leitete die DB eine Woche lang wegen der Vollsperrung der Saalbahn alle InterCity- und EuroCity-Züge von und nach München über Gera um. Die hielten hier allerdings nicht. **232 082** hat am 5. Juni die ehrenvolle Aufgabe, den EuroCity 11 (Leipzig – München – Zagreb) zu ziehen. In Saalfeld wird sie den aus kroatischen und slowenischen Wagen gebildeten internationalen Zug einer Ellok übergeben. Hinter der Lok läuft ein Wagen der ÖBB.

Bild 66 – Mitten in der Umbauphase des Geraer Hauptbahnhofes entstand am 25. September 2006 dieses Bild im nördlichen Teil des Güterbahnhofes mit einigen bereits neu verlegten Gleisen. Der zugewachsene Ablaufberg ist längst verwaist und schon Jahre außer Betrieb. Die zwei auffällig lackierten Diesellokomotiven der Baureihe V 180 der Infraleuna drücken einen Kesselwagenzug in das Industrieanschlussgleis zum Anschluss Oiltanking.
Aufnahme: Mathias Buchner

Bild 67 – Am 22. August 2000 stehen auf den Gleisen 10 und 11 der InterRegio nach Aachen mit **234 170** sowie **219 053** und **219 076** vor einem Leerpark von DB Regio zur Überführung nach Erfurt. Beim Umbau des Hauptbahnhofes wurden beide Bahnsteige der Halle in Richtung Norden bis in Höhe des ehemaligen Stellwerkes „Ga“ (siehe Bild 50) verlängert. Der Wasserkran und die Formsignale fielen dabei dem Abbruch zum Opfer. Rechts neben dem Prellbock stand früher ein weiterer Wasserkran für die Züge auf Gleis 11, der schon vor Jahren abgebaut wurde.

Bild 68 – Im August 1992 herrschte auf dem Geraer Güterbahnhof noch Hochbetrieb. Von der 1991 eröffneten neuen Eselsbrücke (die alte stammte aus dem Jahr 1910) blicken wird auf den mit **228 800** bespannten Nahverkehrszug nach Leipzig, der gerade am Schuppen 2 des Bw Gera vorbei fährt. Dass der Güterverkehr hier später kaum noch eine Rolle spielen würde, erschien damals nicht vorstellbar.

Bild 69 – Über 20 Jahre später hat sich allerhand geändert. Am 27. August 2014 wartet **261 025** auf die Weiterfahrt nach Zeitz. Am Zughaken hat sie die zuvor aus Wünschendorf und Greiz-Dölau abgeholten Wagen, denen am Zugschluss noch die der Anschließer des Industriegleises im Norden von Gera beigestellt sind. Rechts eine ausfahrende Regionalbahn der Erfurter Bahn mit Ziel Weimar.

FDJ
38 1182-5
GERA HBF

Bild 70 (oben) – Bilder aus der Dampflokzeit in Gera Hbf: Am Bahnsteig 6 ist im März 1975 die Saalfelder **01 0534** mit dem P 3025 (Leipzig – Gera – Saalfeld) zum Halten gekommen. Während des knapp einstündigen Aufenthaltes wird sie den hinter der Lokomotive mitlaufenden Postwagen zum Postbahnsteig rangieren.

Bild 71 (rechts) – Im Januar 1975 steht **41 1289** vom Bw Saalfeld mit dem ebenfalls aus Leipzig kommenden P 3023 auf Gleis 12. Das Bild zeigt Typisches der Zeit: Die knapp 65 Jahre alte Bahnsteighalle aus dem Jahr 1911 zeigt sich mit den klassischen Betriebsspuren der Dampflokzeit in Form deutlicher Korrosion. Die Hallenschürze besitzt noch die ursprüngliche Höhe. Bei der Sanierung zwanzig Jahre später wurde sie im unteren Teil gekürzt, um künftig Platz für die elektrische Oberleitung zu schaffen. Am Bahnsteig wird Stückgut und Gepäck aus dem Packwagen auf die obligatorischen Karren geladen, mit denen die Bahnsteige früher voll standen.

Bild 72 (linke Seite) – Erinnerungen an die „gute alte Zeit": Während einer sogenannten Plandampfveranstaltung (Bespannung von Planzügen mit Dampflokomotiven, finanziert durch Teilnehmer und Fotografen) hatte die Geraer Museumslok **38 1182** am 24. April 1992 die Aufgabe, den P 6024 nach Göschwitz (Saale) zu ziehen. Stilecht zu den alten Bahnanlagen war die Maschine mit dem FDJ-Emblem geschmückt – früher durchaus normal, heute kaum mehr vorstellbar. Vom Lokpersonal dieser Fahrt ist wiederum überliefert, dass sich damals eifrige Zeitgenossen bei den Eisenbahnern wegen der Verwendung „verbotener Symbole" beschwerten.

Bild 73 (oben) – Die Motive auf dieser Doppelseite erinnern an die Sanierung der Bahnsteighalle. Das Bauwerk überspannt die vier Bahnsteiggleise der ehemaligen Preußischen Staatsbahn, hier im Zustand des Jahres 1991. Jahre zuvor hatte die DR dem Bauwerk einen grauen Anstrich spendiert. Zugleich erinnert dieses Bild an die von 1970 bis 2000 hier im Einsatz stehenden Rangierlokomotiven der Baureihe 102, die u.a. den Rangierdienst der Reisezüge übernahmen. Im Dezember 1970 kamen die Lokomotiven 102 206-208 werkneu nach Gera.

Bild 74 (oben rechts) – Diesen ungewohnten Anblick gab es ab Sommer 2005 für einige Zeit zu sehen: Nach Beginn des Umbaus des Knotens Gera zeigt sich die Bahnsteighalle am 4. Dezember 2005 komplett ohne Gleise. Übrigens: Der Zusatz „Reuß“ (Fürstentum Reuß jüngere Linie), den die Geraer Bahnhöfe nach 1882 trugen, verschwand bahnamtlich erst im Jahr 1923. In der kurzen Zeit zwischen 1920 und 1923 hieß der frühere Bahnhof Gera (Reuß) Pr.Stb. nun „Gera (Reuß) Hbf“ und seitdem „Gera Hbf“.

Bild 75 – Im Oktober 1996 ist die Bahnsteighalle bereits komplett eingerüstet. Am Bahnsteig steht ein Regionalexpress mit der Lokomotive **232 689**. Das links im Bild sichtbare Schild mit dem „A“ markierte den Reisenden im Fernverkehr den Standort der Wagenklassen auf dem Bahnsteig.

Bild 76 – Seit April 1997 präsentiert sich die Bahnsteighalle wieder im alten Glanz mit der markanten Verglasung der Stirnseiten. Gut erkennbar ist die höher gelegte Unterkante der Hallenschürze, vermutlich für die seit Jahren geforderte, aber immer wieder verschobene Elektrifizierung der Mitte-Deutschland-Verbindung. Im August 1998 stehen dort **219 021** in der „Latz"-Lackierung und die altfarbene **219 032**. Die Lokomotiven der Baureihe 119 bzw. 219 bestimmten neben anderen Diesellok-Baureihen rund 20 Jahre das Bild der lokbespannten Züge in Ostthüringen.

Bild 77 – Nachts auf dem Geraer Hauptbahnhof vor dem großen Umbau: Die erleuchtete Halle und die Formsignale sorgen für die besondere Stimmung dieses Bildes vom 13. April 1994. Ganz links die örtliche Rangierlok **345 139**, daneben **232 271** mit einem Nahverkehrszug und rechts steht **219 200** am InterCity aus Berlin, den sie ab Leipzig Hbf bespannt hatte. AUFNAHME: MATHIAS BUCHNER

Bild 78 (oben links) – Auf dem inzwischen abgebauten Lokumfahrgleis neben den Bahnsteigen 1/2 steht am 6. Oktober 1993 **41 1231**, die an diesem Tag bei einer „Plandampfveranstaltung" im Einsatz stand. Das Bild lebt vom stimmungsvollen Kontrast des erleuchteten großen Fensters im Empfangsgebäude. Im Bildhintergrund ist der Postbahnsteig zu sehen.

Bild 79 (oben rechts) – Als auf dem Güterbahnhof noch „viel los" war: Blick von der Eselsbrücke auf einen leeren Kohlezug, der im März 1992 eines der beiden großen Heizkraftwerke bedient hatte. Bespannt ist der Zug mit **228 797**. Das Bild zeigt auch sehr eindrucksvoll die umfangreichen, im Bogen liegenden Gleisanlagen des Güterbahnhofs. Im Hintergrund ist der gut erleuchtete Containerumschlagplatz mit dem großen Portalkran auf dem Hauptbahnhof zu erkennen, dessen Existenz heute fast schon wieder vergessen ist.

Bild 80 (links)
Nochmals „Plandampf", diesmal am 4. Mai 1998. Zum Einsatz kam die Museumslokomotive **44 1093**. Auch nachts bildeten die drei Schornsteine des bereits stillgelegten Heizkraftwerkes Nord eine Landmarke: Die roten Positionslichter sind gut zu erkennen.
Aufnahmen (3): Mathias Buchner

Bild 81 – Wir schreiben den 31. Dezember 1993, den letzten Tag des Bestehens der Deutschen Reichsbahn. Das nachmittägliche Zugpaar nach Schmölln und zurück wird mit der Glauchauer Traditionslokomotive **58 3047** bespannt. Der Blick auf die beiden Ausfahrsignale des Bahnsteiges 1 und 2 zeigt auch ganz rechts die Anlagen des Postbahnsteiges, die dem Umbau ab 2005 zum Opfer fielen. Das Bahnpostamt mit dem Postbahnsteig wurde am 29. Dezember 1930 eröffnet. Nach der Privatisierung der Eisenbahn in Deutschland (1994) verschwand der Postverkehr innerhalb weniger Jahre von der Schiene.

Bild 82 – Im September 1998 kaum beachtet, heute ein Zeitzeugnis besonderer Art: Am Bahnsteig 1/2 in Gera Hbf steht **219 200**. Sie dient unfreiwillig als Kulisse für den damals hier „tobenden" Bundestagswahlkampf. Helmut Kohl, der wenig später abgewählt wurde, wird sein Schicksal mit dieser Diesellok teilen: Beide werden bald nicht mehr gebraucht. Auch die Werbung des „Unternehmens Zukunft" wird bald verschwinden (müssen), denn die offerierten „Trümpfe des Fernverkehrs" (EuroCity, InterCity und InterRegio) werden knapp drei Jahre später einen großen Bogen um die damals noch zweitgrößte Stadt Thüringens machen. Die am 16. Oktober 1985 beim Bw Gera in Dienst gestellte 219 200 musste nach einem Brand im Februar 2001 abgestellt werden, wurde im März 2002 ausgemustert und am 8. September 2003 in Chemnitz zerlegt. Sie war übrigens die letzte 1985 in Rumänien (Lokomotivwerke „23. August" Bukarest) für die DR gebaute Diesellokomotive der Baureihe 219 und zugleich die letzte von der DR neu beschaffte Großdiesellok.

Bild 83 (rechts) – Als Kontrast zu Helmut Kohl auf dem ehemaligen sächsischen Bahnsteig hatte die damals noch als PDS firmierende heutige Linkspartei Gregor Gysi aufgeboten, der wiederum auf früherem preußischen Terrain um Stimmen warb. Passend zu der Aufforderung „Rot" zu wählen, hat sich die farblich bestens angepasste und aus der Sowjetunion importierte „Ludmilla" **232 206** (Diesellokfabrik „Oktoberrevolution" Woroschilowgrad, 0419/1975) ins Bild geschoben. Fast ist man geneigt, einen Spruch in Erinnerung zu rufen, der früher schon von der PDS-Vorgängerpartei SED oft gebraucht wurde, aber zumindest in der Politik nie so richtig funktionierte: „Von der Sowjetunion lernen, heißt Siegen lernen"! Mit etwas Ironie darf man 20 Jahre später (2018) daran erinnern, dass die zahlreichen heute noch vorhandenen „Ludmillas" aktuell für den Betrieb der Eisenbahnen in Deutschland unverzichtbar sind: Am 1. Januar 2018 hatten die DB AG 77 Loks und private Unternehmen 46 Maschinen im Betriebsbestand.

Bild 84 – So zeigt sich aktuell der Hauptbahnhof mit Blick von oben im August 2018. Die Bahnsteighalle ist auch aus dieser Perspektive ein besonderer Blickfang. Am südlichen Ende des Bahnsteiges 1/2 befindet sich einer der drei direkten Auf-/bzw. Abgänge zum Tunnel der Straßenbahn (Haltestelle „Hauptbahnhof/Theater"). Rechts unten lag der Postbahnsteig mit zwei überdachten Gleisen.

Bild 85 (links oben) – Relikte aus der Länderbahnzeit gab es in Gera noch lange zu sehen, auch wenn diese meist im Zuge des Umbaus bis 2007 verschwanden. Dazu gehörte auch die 16,20-m-Drehscheibe (Tragfähigkeit 75 t), die die Sächsische Staatsbahn vor 1913 errichtete. Weil deren Lokomotiven nicht in der preußischen Betriebswerkstätte gedreht werden konnten, errichteten die Sachsen neben dem Stellwerk „Gs" an der heutigen Ernst-Toller-Straße diese Drehscheibe. Das Lokumfahrgleis (s.a. Bild auf Seite 49) ist ein Relikt jener Zeit: Nach Ankunft der Züge auf dem Bahnsteig 1/2 rollten die Maschinen über dieses Gleis zur Drehscheibe. Die nutzte die Reichsbahn nach der Verreichlichung der Länderbahnen (1920) noch für bahninterne Zwecke. Die Aufnahme entstand im Februar 2001.

Bild 86 (rechts oben) – Von dieser Drehscheibe blicken wir im Februar 2001 auf die zum Abriss vorgesehenen Gebäude des ehemaligen VEB Elektronik Gera, der auch einen Gleisanschluss besaß. Das Bild erinnert an den hier vorgehaltenen Schneepflug – heute gibt es das nicht mehr. Am Standort der Gebäude verläuft seit 2006/07 die neu gebaute vierspurige Gebrüder-Häußler-Straße parallel zum Bahndamm.

Bild 87 – Nach 1990 gab es in Gera mehrere Jahre lang zu den unterschiedlichsten Anlässen gut besuchte Bahnhofsfeste, die zahlreiche Besucher anlockten. Fahrzeugausstellungen, Sonderzüge und Führerstandsmitfahrten waren bei den Geraern recht beliebt. Am 28. September 2001 durften starke Geraer die Rangierlok **364 406** über die Gleise ziehen. Aber auch das ist längst Geschichte: Für das jüngste Bahnhofsfest am 13. Oktober 2018 hatte das nunmehr für Gera Hbf zuständige Bahnhofsmanagement in Chemnitz (!) von DB Station und Service eine „Hummelbahn" aufgeboten, die auf Gummirädern vor dem Bahnhof ihre Kreise zog. Wer junge Menschen von der Eisenbahn begeistern möchte, muss mehr bieten!

Bild 88 – Beide Motive dieser Doppelseite erinnern an die mehrere Jahre währende Phase des Umbaus im Hauptbahnhof: Im Juli 2006 liefen die Arbeiten am Bau des Straßenbahntunnels auf Hochtouren. Die Gleise der Straßenbahn liegen bereits. Dem Umbau fiel übrigens auch der bekannte „Rund-Konsum" (vor dem Krieg ein Ford-Autohaus) direkt an der großen Eisenbahnbrücke zum Opfer. Gut erkennbar das baubedingt zurückgesetzte Ausfahrsignal, das früher weiter südlich stand. Dem Umbau und der Errichtung des Straßenbahntunnels fiel auch der zwei Gleise umfassende Postbahnsteig zum Opfer.

Bild 89 – Schon vor dem offiziellen Startschuss zum Umbau des Knotens Gera legte die DB auf dem Hauptbahnhof zahlreiche Gleise still. Dazu gehörte auch der Abbau eines der zwei vom bzw. zum Güterbahnhof führenden Güterzuggleise, die zwischen dem Bahnsteig 1/2 und der Bahnsteighalle lagen. An Stelle des bisherigen Gleises 6 entstand befristet ein Behelfsbahnsteig. Ganz rechts auf dem Gleis 10 (Bahnsteig 3) sehen wir einen VT 628 zur Fahrt nach Leipzig Hbf, und ganz links steht der Interconnex nach Rostock zur Abfahrt bereit, aufgenommen im Mai 2003.

Vom Hauptbahnhof zum Südbahnhof

Bild 90 – Im November 1911 konnte der hoch gelegte Bahndamm zwischen dem damaligen Preußischen Bahnhof (heute Gera Hbf) und dem Sächsischen Bahnhof (heute Gera Süd) vollständig in Betrieb genommen werden. In den Bahnhöfen waren damals beide Länderbahnen mit ihren jeweiligen Anlagen vertreten. Die ursprünglich vorhandenen vier Gleise wurden bei der Reparation 1945/46 bis auf ein Gleis zurückgebaut. Schon am 25. Januar 1949 nahm die Deutsche Reichsbahn hier wieder den zweigleisigen Betrieb auf. Das Bild vom 10. September 1997 zeigt **219 087** mit einem Güterzug nach Greiz am Einfahrsignal des Bahnhofs Gera Süd. Das Gebäude des ehemaligen VEB Gerakartonagen in der Dammstraße zeigt sich noch im alten Zustand.

Bild 91 – Vom Dach des Hauses Louis-Schlutter-Straße 8 eröffnet sich in Richtung Süden dieser Blick auf die Bahnanlagen mit der Brücke über die Heinrichstraße, aufgenommen am 11. Mai 1998. Links der Brücke beginnt heute der 2006/2007 schrittweise in Betrieb genommene neue Haltepunkt Gera Süd, und im Hintergrund markieren die beiden Schornsteine die Lage des ehemaligen Heizkraftwerkes Süd. Im Bild ist die als **V 100 1023** benummerte Bundesbahn-V 100 (211 023) mit dem morgendlichen RE 6258 aus Hof zu sehen. Ab dem Jahresfahrplanwechsel 1997/98 (1. Juni 1997) kamen für wenige Jahre die Bundesbahn-V100 planmäßig mit einem Eilzug nach Gera. Der Zug fährt auf dem ehemals zweiten sächsischen Gleis, während das andere bis 1946 auf dem sichtbar gleislosen Brückenüberbau lag.

Bild 92 (oben links) – Sechs der sieben Straßenüberführungen zwischen Gera Hbf und Gera Süd mussten beim Umbau des Knotens Gera abgetragen und neu errichtet werden. Dem Betrieb stand zwischen August 2003 und April 2007 nur ein Gleis zur Verfügung. Im Februar 2005 passiert ein Triebwagen der Vogtlandbahn den zu diesem Zeitpunkt einzigen noch vorhandenen Brückenüberbau über die De-Smit-Straße.

Bild 93 (oben rechts) – Am 22. September 2006 konnte das erste neue Gleis zwischen beiden Bahnhöfen in Betrieb genommen werden. Das Bild von der Überführung Heinrichstraße zeigt den ersten neu errichteten Brückenüberbau, während das westlich liegende Gleis bereits abgerissen ist. Die noch sichtbaren alten Brückenwiderlager nahmen ursprünglich die beiden preußischen Gleise auf.

Bild 94 (links) – Dieses Bild zeigt die Lage der Gleise zwischen beiden Bahnhöfen am Einfahrsignal des Hauptbahnhofes. Beeindruckend erscheint heute die aufwändige Ausführung der vor dem Ersten Weltkrieg errichteten Brückenbauwerke mit Sandsteinverblendungen, hier an der Fridericistraße. **219 027** verlässt am 2. April 1999 mit dem RE 3459 Gera Hbf. Rechts der Gleise lag das Elektrizitätswerk in der Neuen Straße, das mit dem Bau des neuen Straßenbahndepots (1907) hier errichtet und später erweitert wurde. Es ging schon vor der politischen Wende außer Betrieb und besaß ab 1928 zur Versorgung mit Kohle ein Anschlussgleis.
Aufnahme: Mathias Buchner

Bild 95 – Direkt an der Heinrichstraße entstand dieses Bild auf dem Bahndamm zwischen Haupt- und Südbahnhof. Die Häuser der Louis-Schlutter-Straße zeigen sich im Januar 1999 noch im alten Flair der Vor-Wende-Zeit. Das inzwischen abgebrochene Haus Ecke Flanzstraße rechts neben der Lokomotive existierte damals noch. **229 147** fährt mit einem Regional-Express nach Glauchau.

Bild 96 – Der Bahndamm zwischen Haupt- und Südbahnhof am 11. Mai 1997 aus der Vogelperspektive: Blickfang ist der von Aachen nach Chemnitz fahrende InterRegio mit der Lokomotive **229 120**. Das Gebäude des ehemaligen VEB Gerakartonagen direkt am Einfahrsignal des Bahnhofs Gera Süd präsentiert sich noch immer im alten Zustand, wurde später saniert, steht aber derzeit (2018) leer.

Bild 97 – Am 1. Mai 2006 befindet sich der Bahndamm zwischen der Straße Am Sommerbad und der rechts zu sehenden Louis-Schlutter-Straße voll im Umbau. Das Planum für das künftige östliche Gleis ist bereits freigeschoben. Früher lagen hier zwischen 1911 und 1946 vier Gleise. Fast 20 Jahre vor deren Höherlegung zwischen dem Preußischen und dem Sächsischen Bahnhof hatten beide Länderbahnen bis 1893 bereits das jeweils zweite Gleis errichtet. Bei der Sächsischen Staatsbahn war das u.a. wegen der 1892 fertiggestellten Neubaustrecke zwischen Wünschendorf und Gera Sächs. Stb. notwendig, weil dort mit der bestehenden Strecke Gößnitz – Gera nun zwei Eisenbahnlinien einmündeten. Die Inbetriebnahme des Empfangsgebäudes der Sächsischen Staatsbahn am 1. Mai 1893 gilt zugleich als Datum der Fertigstellung des zweiten (sächsischen) Gleises zwischen den Bahnhöfen.
AUFNAHME: MATHIAS BUCHNER

Bild 98 – Eine der sechs neu gebauten Brücken zwischen beiden Bahnhöfen befindet sich in der Heinrichstraße. Das Bild zeigt den Zustand während der Bauphase im Februar 2006. Nur noch ein Gleis steht dem Eisenbahnverkehr zur Verfügung. Die Verschalungen markieren die Lage des künftigen Haltepunktes Gera Süd, der heute eine Verknüpfungsstelle zwischen Eisenbahn, Straßenbahn und Busverkehr ist. Gegenüber dem „alten" Südbahnhof, den Reisende nur über den Sachsenplatz betreten bzw. verlassen konnten, liegt der neue Bahnsteig näher am Stadtzentrum. Die Verlegung der Straßenbahngleise in der Heinrichstraße ist bereits abgeschlossen, während sich die Straße selbst noch im Umbau befindet.

Gera Süd: Ein Bahnhof verschwindet

Bilder 99 und **100** – Einst und Jetzt: Das Bild mit **03 001** entstand am 24. November 1991 während der Dreharbeiten für einen Film des EK-Verlages. Das markante Eckhaus Heinrichstraße/Louis-Schlutter-Straße zeigte sich damals noch im Zustand der „Nach-Wende-Zeit" mit den vielen „West"-Antennen auf dem Dach. Der Fotograf steht direkt vor der Brücke über der Heinrichstraße, wo sich heute der Aufzug zum Bahnsteig des (neuen) Haltepunktes Gera Süd befindet. Ganz rechts im Bild der Prellbock des Ausziehgleises für den Ablaufberg. Das Gleisende mit Prellbock lag direkt an der Brücke. Das „Jetzt"-Bild vom 23. Mai 2014 (linke Seite) zeigt die Szenerie mit der nach Wünschendorf (Elster) fahrenden **261 024**. Der Zug wird das Dolomitwerk Wünschendorf und anschließend das Chemiewerk in Greiz-Dölau bedienen.

EB
Greiz
VT 12B
vogtlandbahn

Bild 101 – Dieses Schild hängt seit vielen Jahren gut sichtbar am Dach des Empfangsgebäude des Südbahnhofes. Manche Reisende dürften angesichts der lauten und unbequemen DB-Triebwagen allein wegen der engen Sitze kaum „Lust auf Nahverkehr" verspüren, wobei die ständigen Preiserhöhungen vielleicht der fragwürdige „Höhepunkt" sein könnten. Bleibt also der Verdacht, dass die Macher dieser putzigen DB-Werbebotschaft (Aufnahme vom 19. Juli 2018) möglicherweise der eigenen Phantasie freien Lauf gelassen haben...

Bild 102 (linke Seite) Die Ansicht des 2007 komplett in Betrieb genommenen Mittelbahnsteiges des Haltepunktes Gera Süd im Juni 2012. **VT 12** der Vogtlandbahn wird nach Greiz fahren, während **VT 001** der Erfurter Bahn Zeulenroda unt Bf zum Ziel hat. Nach der Übernahme des „Dieselnetzes Ostthüringen" durch die Erfurter Bahn hatte der neue Betreiber mit noch nicht ausgelieferten Triebwagen zu kämpfen und musste übergangsweise ältere unklimatisierte Fahrzeuge einsetzen.

Bild 103 (oben) – Der neue Haltepunkt Gera Süd kurz nach der Fertigstellung im Mai 2007. Der „Vier-Länder-Express" nach München wird von **218 192** gezogen. Weil man damals in Leipzig Hbf den Zug zum Lokwechsel nicht umsetzen konnte (!), läuft am Zugschluss eine weitere 218 mit, die zuvor den Zug von Regensburg nach Leipzig zog. Der Fotograf steht dabei auf dem Terrain des abgebrochenen ehemaligen Bahnsteiges 3.

Bild 104 – Ab 22. September 2006 konnte das erste neue Gleis nebst Bahnsteig des Haltepunktes Gera Süd genutzt werden. Das Bild vom 30. September 2006 mit dem Triebwagen **642 003** zeigt den damaligen Zustand. Noch steht hier das funktionslose Stellwerk „Gsn". Die rechts sichtbaren Teile der alten Überdachung des Bahnsteiges 1 warten auf den Abbruch.

Bild 105 – Aus den Tiefgleisen des Güterbahnhofs in Gera Süd kommend, erklimmt **220 338** den Bahndamm in Richtung Hauptbahnhof. Das Bild vom Mai 1992 zeigt den Bahnsteig 1. Rechts auf der freien Fläche lagen bis 1946 die beiden hier zusammenführenden Gleise 5 und 6. Die nahmen u.a. die hier beginnenden oder endenden Personenzüge aus bzw. in Richtung Ronneburg und Wünschendorf auf. Die verrotteten Schwellen im Vordergrund markieren ein früher hier liegendes Stumpfgleis mit 65 m Nutzlänge, das direkt am Ende des Bahnsteiges an einem Prellbock endete.

Bild 106 – Vom früheren preußischen Bahnsteig 3 werfen wir am 5. Mai 2000 einen Blick auf den mittleren, ehemals sächsischen Bahnsteig 2 mit dem Stellwerk „Gsn" und der einfahrenden **229 184**. Beim Bau des Bahndammes zwischen Gera (Reuß) Pr. Stb. [Gera Hbf] und Gera (Reuß) Sächs. Stb. [Gera Süd] vor dem Ersten Weltkrieg wurden die durchgehenden Hauptgleise des Bahnhofes bei gleichzeitiger Absenkung der darunter führenden Straßen um 3,30 m angehoben und mit den neuen Bahnsteigen in Richtung Westen verlegt. Damit lag der Südbahnhof nun 197,49 m ü. NN (früher 194,20 m ü. NN).

Bild 107 – Der Bahnsteig 1 des Bahnhofs Gera Süd im Juli 1996 mit Blick nach Norden: Im Hintergrund das Stellwerk „Gsn", links liegt der Abgang zum Bahnsteigtunnel. Dieses Bild bot sich allen Reisenden, die früher mit Zügen aus Richtung Glauchau oder Greiz hier ausstiegen. Ganz links hinter der Einhausung der Abgangstreppe verläuft seit 2006 das östliche der beiden (neuen) Gleise zwischen dem neuen Haltepunkt Gera Süd und dem Abzweig Debschwitz. Rechts führen die Gleise zum Güterbahnhof, die auch nach dem Umbau vor dem Ersten Weltkrieg das niedrigere Höhenniveau behielten.

Bild 108 (oben) – So sahen die Eisenbahner des Stellwerkes „Gsn" im Bahnhof Gera Süd die aus Gera Hbf einfahrenden Züge, aufgenommen im Juni 2005. Zwischen dem nach Saalfeld fahrenden Triebwagen der Baureihe 642 und der im Hintergrund erkennbaren Brücke über die Heinrichstraße befindet sich heute der Bahnsteig des neuen Haltepunktes Gera Süd.

Bild 109 (oben rechts) – Fast von selber Stelle die Situation sechs Jahre später am 29. April 2011. Weil das Stellwerk bereits abgerissen war, musste das Vergleichsbild ebenerdig angefertigt werden. **294 907** fährt nach Greiz-Dölau zum dortigen Chemiewerk.

Bild 110 (rechts) – Dieses Bild vom 31. Dezember 1993 zeigt den Bahnhof Gera Süd mit seinen drei Bahnsteigen mit Blick aus Richtung Hauptbahnhof. Der Umbau des Bahnhofs war am 17. Juli 1913 mit der Eröffnung des neuen und heute noch existierenden Empfangsgebäudes abgeschlossen. Links und in der Mitte die Bahnsteige für die Züge nach Gößnitz und Weischlitz (Sächsische Staatsbahn) und ganz rechts der Bahnsteig für die Züge in Richtung Saalfeld (Preußische Staatsbahn). Bis zum Umbau lagen die Gleise beider Länderbahnen nach Gößnitz/Weischlitz bzw. Saalfeld ganz links und 3,30 m tiefer. Am letzten Tag des Bestehens der Deutschen Reichsbahn verkehrte ein Nahverkehrszugpaar zwischen Gera und Schmölln mit der Glauchauer Traditionslokomotive **58 3047**.

Bild 111 – Die Aufnahme von der Westseite des Güterbahnhofs in Gera Süd im Februar 1994 von der alten Ochsenbrücke entstand unter Verwendung eines Teleobjektives. Hier lag der am 22. November 1909 eröffnete preußische Güterbahnhof Debschwitz. An der Stelle der abgestellten Kesselwagen verläuft heute der Hauptweg des Ufer-Elster-Parkes. Blickfang ist der leere Kohlezug, der nach erfolgter Entladung im Heizkraftwerk in Kürze wieder zurück nach Profen fahren wird. Die hellen diagonalen Streifen kennzeichnen die Fahrzeuge dieses Ganzzuges als Wagen mit Mittelpufferkupplung.

Bild 112 – So haben Reisende den Südbahnhof während der Dampflokzeit sicherlich noch in Erinnerung, obwohl diese im April 1994 längst vorbei war: **86 1001** vom Bw Aue durfte für zahlende Eisenbahnfreunde und Fotografen einen planmäßigen Reisezug befördern. Am Bahnsteig 2 wartet der Zug auf die Ausfahrt. Zwischen den beiden Gleisen verlief bis zur Verreichlichung der Länderbahnen im Jahr 1920 die Bahnhofsgrenze zwischen Preußischer und Sächsischer Staatsbahn. Er galt deshalb als Gemeinschaftsbahnhof beider Bahnverwaltungen mit jeweils eigenen Anlagen. AUFNAHME: MATHIAS BUCHNER

Bild 113 (oben links) – Die Motive dieser Doppelseite zeigen die Veränderungen auf dem Bahnhof Gera Süd, hier der Zustand im Februar 2007 nach dem Abriss aller Gleisanlagen und dem ersten neu in Betrieb genommenen Gleis zum Abzweig Debschwitz. Die beiden Triebwagen der Baureihe 642 fahren nach Saalfeld. Es ist wenige Wochen vor Eröffnung der Bundesgartenschau. Heute ist ein Großteil des Geländes hinter dichtem Bewuchs verborgen.

Bild 114 (oben rechts) – Der Güterbahnhof in Gera Süd wurde nach 1990 schnell überflüssig und von der DR bereits am 1. Juli 1992 geschlossen, gleisseitig aber weiterhin noch genutzt. Die Aufnahme vom 23. Mai 2001 des von **232 076** und einer weiteren 232 nach Unterwellenborn fahrenden Zuges mit Schrott für das Stahlwerk Thüringen zeigt den verkrauteten Zustand der Anlagen.

Bild 115 (rechts) – Am 3. Mai 2006 bot sich vom großen Abraumberg, der sich auf dem Gelände der bereits abgebauten Gleise für einige Zeit auftürmte, dieser Blick auf die beiden im Bau befindlichen neuen Gleise. Links im Bild wird das zu diesem Zeitpunkt einzige noch in Betrieb befindliche Gleis von einem Güterzug nach Greiz-Dölau befahren, der von **298 122** gezogen wird. Diese Aufnahme erlaubt auch die Sicht auf die vor dem Ersten Weltkrieg erfolgten Umbauten: Die Hauptgleise der Strecken nach Gößnitz, Weischlitz und Saalfeld verliefen früher ganz rechts direkt am alten sächsischen Empfangsgebäude (ganz rechts im Bild). Beim Umbau 1909/1913 erhielten sie die hier noch sichtbare und zugleich höhere Lage.

Bild 116 (rechts) – Einst und Jetzt: Ansicht des Bahnhofes Gera Süd mit den drei Bahnsteigen von einem der damals hier abgestellt stehenden Kesselwagen. Am Standort des Fotografen befand sich der Güterbahnhof Debschwitz der Preußischen Staatsbahn. Heute verläuft hier der große Weg des Ufer-Elster-Parkes. **228 773** fährt im Mai 1992 mit einem Personenzug nach Altenburg aus. Hinter der Lokomotive ist das von 1883 bis 1913 im Betrieb gewesene Empfangsgebäude der Sächsischen Staatsbahn zu sehen.

Bild 117 (unten) – Fast vom selben Standpunkt aus entstand dieses Bild kurz vor Abschluss der Bauarbeiten im März 2007. Der Blick zu den Gleisen ist heute durch den dichten Bewuchs kaum mehr möglich. Der Triebwagen der Baureihe 642 fährt nach Saalfeld.

Bild 118 (unten rechts) – Frühjahr 2006: Der Bahnsteig 2 ist abgerissen, und die Lage der beiden neuen Gleise an dessen Stelle zum künftigen Abzweig Debschwitz ist am geschotterten Planum schon gut zu erkennen.

Bild 119 – Als auf der Westseite des Bahnhofs Gera Süd noch Güter per Bahn zugestellt wurden: **346 826** rangiert vor der Kulisse des ausgedienten und im Abbruch befindlichen Heizkraftwerkes Süd einen Wagen zum örtlichen Kohlehändler. Noch werden in Gera Briketts benötigt, wie der Blick in den Wagen beweist, aufgenommen am 16. Juli 1997.

Bild 120 – Im April 2007 stehen die Bauarbeiten kurz vor dem Abschluss. Vom früheren Bahnhof Gera Süd ist gleisseitig nichts mehr zu sehen. Das Bild entstand kurz vor der Inbetriebnahme des zweiten Gleises zum Abzweig Debschwitz, wo sich die Strecken nach Ronneburg (– Gößnitz), Wünschendorf (– Weischlitz) und Weida (– Saalfeld) trennen. Der „Vier-Länder-Express" fährt nach München.

Bild 121 – Das Heizkraftwerk Süd mit der Anschlussbahn im Januar 1992: Eine der beiden 1985/86 beschafften Dampfspeicherlokomotiven rangiert Wagen mit Rohbraunkohle. Noch ist das Werk in Betrieb und wird erst reichlich vier Jahre später, im August 1996, stillgelegt werden. Links im Bild die Werklok vom Typ N4, die auf elektrischen Betrieb umgestellt wurde. Die Energiezufuhr erfolgte über die große Kabelrolle. Die vollständige Inbetriebnahme des Heizkraftwerkes datiert vom 12. Oktober 1960, nachdem der Bau im Jahr 1958 begann und schon Ende 1959 Energie geliefert wurde.

Bild 122 – Ansicht der alten Ochsenbrücke von der westlichen Auffahrrampe in der Zwötzener Straße. Die Altersspuren des zum Aufnahmezeitpunkt 80 Jahre alten Bauwerkes sind unübersehbar. Ebenso wie die Eselsbrücke im Norden der Stadt blieb sie bei den zahlreichen Bombenangriffen der Alliierten auf die hiesigen Bahnanlagen unbeschädigt. Wenige Jahre später musste die Brücke aber wegen erheblicher Schäden ab 23. Dezember 1957 für knapp zwei Jahre für Kraftfahrzeuge gesperrt werden. Mit der Wiedereröffnung nach Abschluss der Bauarbeiten am 24. November 1959 konnte die Straßenbahn zugleich den Verkehr über den nunmehr geschlossenen „Südring" aufnehmen: Diese verkehrte jetzt von Untermhaus über Zwötzen, den Südring und Debschwitz nach Tinz und umgekehrt. Der am 19. November 1925 aufgenommene Straßenbahnverkehr über das Bauwerk endete am 14. November 1971. Im Februar 1992 verlässt ein Güterzug nach Saalfeld mit der Lokomotive **220 358** (Bw Gera) den Bahnhof.

Bild 123 – Von der Ochsenbrücke werfen wir am 2. Januar 1991 einen Blick auf die rangierende Dampfspeicherlok des Heizkraftwerkes Süd. Im Zusammenhang mit dem Beschluss des DDR-Ministerrates zur Einsparung von Dieselkraftstoff im Jahr 1981 fertigte das Raw Meiningen daraufhin von 1983 bis 1988 insgesamt 202 dreiachsige feuerlose Dampfspeicherlokomotiven (Bauart FLC: ***F***euerlose ***L***okomotive, ***C***-gekuppelt) für DDR-Industriebetriebe. Der damalige VEB Energiekombinat Gera erhielt für die Anschlussbahn des Heizkraftwerkes Süd in den Jahren 1985 und 1986 zwei dieser Lokomotiven, die nach Einstellung des Betriebes verschrottet wurden. Rechts im Bild das Geländer des Fußweges der alten Ochsenbrücke. Damals war von dem späteren Neubau der Brücke im Zuge der geplanten Süd-Ost-Tangente noch keine Rede.

Bild 124 – Im August 1993 zeigt sich der Bahnhof Gera Süd noch immer im langjährig gewohnten Zustand. Der Personenzug nach Saalfeld wird bei einer „Plandampf"-Aktion von **01 1531** gezogen. Ganz unten steht das ehemalige Stellwerk „Do" (Debschwitz Ost) der Preußischen Staatsbahn. Nach dem Ersten Weltkrieg und nach der Verreichlichung der Länderbahnen wurde es bald überflüssig. Heute ist das lange Zeit ungenutzte Gebäude abgebrochen. Der rechts im Bild verlaufende Mühlgraben teilte die ehemals preußischen (links) von den sächsischen (rechts) Anlagen.

Bild 125 (rechte Seite) – 22 Jahre später: Der Sonderzug mit **01 519**, fast an der selben Stelle am 6. Dezember 2015 fotografiert, lässt den alten Zustand vom Sommer 1993 nur noch am Hintergrund erkennen.

01 519
8
4
32
6

Bilder 126 und **127** – Im März 1995 bestimmen die 1911/12 erbaute Ochsenbrücke und die beiden Schornsteine des Heizkraftwerkes noch immer das Erscheinungsbild des Bahnhofs Gera Süd. Der Fotograf steht direkt unter dem Stellwerk „Gso" mit Blick nach Norden. Die beiden Lokomotiven der Baureihe 232 sind auf dem Weg nach Saalfeld, und das kleine Bild oben zeigt die Ochsenbrücke vor dem Abriss (Oktober 1998) aus der Perspektive der Fahrbahn, über die bis 1971 auch die Straßenbahn fuhr. Der auf der Brücke fahrende Gelenkbus erinnert zugleich an eine die Straßenbahn ablösende Buslinie.

Bild 128 – Im Mai 2007 sind fast alle Bahnanlagen des alten Südbahnhofes komplett verschwunden, und das Gelände ist für die künftigen Bepflanzungen geebnet. Die 612-Doppeleinheit ist als Regionalexpress von Göttingen nach Glauchau unterwegs.

Bild 129 (oben) – Noch steht die alte Ochsenbrücke, die zuletzt nur noch von Fußgängern benutzt werden konnte. Links der Neubau des Brückenbauwerkes, der im Zuge der künftigen Süd-Ost-Tangente notwendig wurde und an dem im Juli 1997 fleißig gearbeitet wird. Eine 212 hat mit dem Regionalexpress aus Hof den Bahnhof Gera Süd erreicht. Vom nördlichen Teil der neuen Brücke stehen erst die Pfeiler.

Bild 130 (links) – Beim Bau der Stadtbahnlinie 1 und der damit verbundenen Sperrung der Reichsstraße musste für den Straßenverkehr eine Umgehungsstraße angelegt werden. Sie verlief auf dem östlichen Teil des Südbahnhofs, der zu diesem Zeitpunkt schon fast alle Gleise verloren hatte. Am 24. Mai 2005 sind hier die Lokomotiven **232 529** und **232 693** mit einem 2.300 t-schweren Kohlezug aus Profen für das Kraftwerk Küchwald bei Chemnitz zu sehen. Im Hintergrund die heute noch existierenden Hochbauten (Güterschuppen und ehemaliges Verwaltungsgebäude) des am 1. Juni 1886 eröffneten Güterbahnhofes Gera-Pforten der Königlich Sächsischen Staatseisenbahnen. Mit dem 1892 erfolgten Neubau der Strecke von Wünschendorf über Liebschwitz und Zwötzen wurden die Anlagen Teil des Bahnhofs Gera-Pforten, der am 1. Juni 1896 in Gera (Reuß) Sächs. Stb. umbenannt wurde und ab 1920 Gera Süd – bis 1923 noch mit dem Zusatz „Reuß" – hieß.

Bild 131 – Der Bahnhof Gera Süd mit dem Stellwerk „Gso" im Juni 2000. Hier trennen sich die Strecken nach Glauchau, Weischlitz und Saalfeld. Als Ersatz für zwei Triebwagen sehen wir einen Doppelzug mit drei Lokomotiven der Baureihe 219. Nach der Zugtrennung in Schmölln wird der vorne laufende verkehrsrote Wagen mit **219 195** als Regionalbahn nach Glauchau fahren, während der zweite Zugteil nach Altenburg verkehrt. Der braucht wegen fehlender (!) Umsetzmöglichkeit in Altenburg zwei Lokomotiven. Noch ist **219 032** des Altenburger Zugteils in der Mitte zu sehen, während die am Schluss mitlaufende **219 090** den Zug von Altenburg zurück nach Gera ziehen wird. Alle drei Wagen zeigen die damals existierenden Farbvarianten. Viel PS für wenig Zug: pro Wagen 2.400 PS Traktionsleistung!

Bild 132 (ganz oben) – Diese Seite zeigt die Veränderungen der südlichen Ausfahrt des Bahnhofs Gera Süd, heute betrieblich der Abzweig Debschwitz: Eine Class 66 von „Heavy Haul Power International" (HHPI) erreicht am 24. Juli 2013 aus Ronneburg kommend mit einem Leerzug aus dem Kraftwerk Küchwald bei Chemnitz den Abzweig Debschwitz.

Bild 133 (oben) – Das Vergleichsbild entstand elf Jahre zuvor und dokumentiert den alten Zustand des Bahnhofs an dieser Stelle: **234 423** fährt mit dem InterRegio von Chemnitz nach Aachen am 30. Mai 2000 in den Bahnhof ein.

Bild 134 – Das Vergleichsbild vom 9. Juni 2017 zeigt den Abzweig Debschwitz nach der Verlegung der Elstertalbahn und dem damit verbundenen zweigleisigen Ausbau der Strecke zum Bahnhof Gera-Zwötzen. **612 526** kommt aus Greiz und benutzt das westliche Richtungsgleis. Gleich wird er am Haltepunkt Gera Süd halten.

Erinnerungen an das Bw Gera

Bild 135 – Die Anlage 1 des Bw Gera zeigt sich im Sommer 1992 mit dem großen Ringlokschuppen im Zustand nach abgeschlossenem Um- und teilweisem Neubau. Markant unterscheidet sich der neu gebaute Teil des Lokschuppens von den alten Gebäuden der Dienststelle. Noch steht der Schornstein des Rundhauses, und die sonstigen Bauten erscheinen im gewohnten Bild nach Ende des Dampflokbetriebes.

Bild 136 (oben) – Die Aufnahmen dieser Seite erinnern an die Dampflokzeit im Bahnbetriebswerk Gera vor rund 45 Jahren. Der Blick von der Eselsbrücke zeigt die (2014 abgebrochene) Lokleitung mit der Saalfelder Schnellzuglokomotive **01 0529**. Im Frühjahr 1975 präsentieren sich die Anlagen in der typischen „Färbung" des noch unverkennbar dominierenden Dampflokbetriebes. Damals konnten hier neben den letzten im Einsatz stehenden Geraer Dampfloks (35, 58^{30}) auch noch die Maschinen der Bahnbetriebswerke Altenburg (52^{80}, 65^{10}), Glauchau (58^{30}), Leipzig Hbf West (03), Saalfeld (01^{5}, 41, 44, 65^{10}) sowie der Einsatzstellen Greiz (50^{0-31}), Göschwitz (41, 44, 65^{10}) und Zeitz (52^{0-67}, 65^{10}) angetroffen werden.

Bild 137 (oben rechts) – Blick aus dem Inneren des Lokschuppens 1 auf die Drehscheibe (23 m Durchmesser, 350 t Tragfähigkeit) des Bahnbetriebswerkes. Dort wird gerade **58 3008** des Bw Glauchau für die Rückfahrt gedreht, aufgenommen im März 1975. Anschließend wird die Lokomotive zunächst eine Übergabe zum Bahnhof Gera Süd bespannen, um später einen Güterzug nach Glauchau zu befördern.

Bild 138 (rechts) – Nochmals die Lokleitung des Bw Gera, diesmal aus der Sicht des Reisenden, der aus dem einfahrenden D 903 (Katzhütte – Dresden) ausnahmsweise einen unverstellten Blick auf das Ensemble des Bahnbetriebswerkes hat. Am Kohlebansen steht im Juni 1974 die Geraer **35 1038,** und im Hintergrund thront das Sozialgebäude des Bw Gera. Dort hatte die Verwaltung des Bahnbetriebswerkes ihren Sitz. Darüberhinaus beherbergte der Bau die Umkleideräume des Lokpersonals, Küche, Kantine und Speisesaal. Das Gebäude wurde 1961 an Stelle der hier bei Kriegsbeginn errichteten sogenannten „Franzosenbaracke" gebaut, die während des Krieges als Unterkunft für Fremd- und Zwangsarbeiter diente.

Bild 139 – Der zehn Gleise umfassende Ringlokschuppen 2 blieb bei der Inbetriebnahme vor dem Ersten Weltkrieg zunächst den Personenzuglokomotiven der Preußischen Staatsbahn vorbehalten. Betrieblicher Vorteil der Trennung in zwei Anlagen der damaligen preußischen Betriebswerkstatt Gera war der kurze und direkte Weg zum Personenbahnhof. Im deutlich größeren Lokschuppen 1 auf dem östlichen Bahnhofsareal direkt neben dem Güterbahnhof hatten die Güterzuglokomotiven ihr Domizil. Am Giebel des Lokschuppens 2 steht am 3. Juli 1992 die langjährige Geraer Museumslokomotive **38 1182**, die von 1978 bis 1992 hier von engagierten Eisenbahnern betreut und gefahren wurde. Die Drehscheibe des Schuppens 2 besitzt einen Durchmesser von 20 Metern bei einer Tragfähigkeit von 170 t.

Bild 140 – Blick auf den Rundschuppen der Anlage 2 des Bahnbetriebswerkes Gera. Im Vordergrund stehend, bestimmt der „Hofhund" des Bahnbetriebswerkes in Gestalt der Kleinlokomotive **310 543** diese Szenerie. Die Kleinlokomotive aus dem Jahr 1935 (ex Kö 4543, Henschel 22340/1935) erledigte hier bis zu ihrer Ausmusterung im Jahr 1998 die üblichen Rangieraufgaben. Ein Teil der Unterhaltung der von Gera aus eingesetzten Diesel-Triebfahrzeuge erfolgte hier. Den notwendigen Verschub der Fahrzeuge besorgte u.a. diese Kleinlokomotive der Leistungsgruppe II. Übrigens: Die über 2.000 von der Deutschen Reichsbahn ab 1932/33 beschafften Kleinlokomotiven der Leistungsgruppe II sind die am meisten gebauten deutschen Motorlokomotiven. Das Bild entstand im Juli 1996.

Bild 141 – Diese Aufnahme vom November 1995 zeigt den neu gebauten Teil des Lokschuppens 1. Nur reichlich zehn Jahre sollte er in Nutzung bleiben, bis hier im Jahr 2002 die Tfz-Unterhaltung aufgegeben wurde. Die 1994 gegründete Deutsche Bahn AG hatte schon wenige Jahre später kein Interesse mehr am Werkstättenstandort Gera. Dennoch versuchten die Eisenbahner, mit allen Mitteln ihren Standort attraktiv zu halten und aquirierten Aufträge, die man früher hier kaum erwartet hätte: Die Ellok **111 086** aus Frankfurt (Main) weilte hier zur Ausbesserung eines Schadens infolge einer Flankenfahrt.

Bild 142 – Ein ganz besonderer Tag war der 1. November 1997. Die im Werk Meiningen wieder betriebsfähig aufgearbeitete, mächtige französische Schnellzuglok **241 A 65** machte auf der Rückfahrt von Meiningen nach Frankreich in Gera Station, um hier ihre Vorräte zu ergänzen. Der schön sanierte Schuppengiebel mit dem Schild „Werk Gera" steht im besonderen Kontrast zu der Schnellzuglokomotive. Im Führerstand sehen wir einen französischen (Museums-) Eisenbahner, der früher als Lokführer auf diesen Schnellzuglokomotiven in Frankreich fuhr und als Fachmann die Überführung begleitete.

Bild 143 (oben) – „Plane mit, Arbeite mit, Regiere mit" – diese Losung aus den Nachkriegsjahren war noch am 22. September 2000 an der Rückseite des Lokschuppens 1 zu sehen.

Bild 144 (links) – Sichtbares Wahrzeichen des Bw Gera ist der von der Preußischen Staatsbahn vor dem Ersten Weltkrieg am Schuppen 2 errichtete Wasserturm mit 500 m^3 Fassungsvermögen. Er versorgte die elf auf dem Hauptbahnhof und dem Bahnbetriebswerk vorhandenen Wasserkrane (Stand 1961): Vier im Personenbahnhof, zwei auf dem Güterbahnhof, drei am Lokschuppen 1 und zwei am Schuppen 2. Jeder Kran konnte bis zu 6 m^3 Wasser pro Minute abgeben. Am 21. Juli 1997 stehen am fast 80 Jahre alten Bauwerk **229 174**, **219 036** und **229 120**.

Bild 145 – Das Bahnbetriebswerk – später Betriebshof – Gera galt jahrelang als Hochburg der Lokomotiven der Baureihe 219, die in Rumänien für die DR gebaut wurden und scherzhaft als „U-Boote" in die Eisenbahngeschichte eingegangen sind. Heute streiten sich die Kenner, ob der Begriff wegen der Bullaugen in den Seitenwänden oder der hohen Schadanfälligkeit („... abtauchen...") entstand. Im Juli 1999 haben sich alle damals vorhandenen Farbvarianten dieser Lokbaureihe vor dem Schuppen 1 eingefunden: **219 079**, **219 087**, **219 178**, **219 099**, **219 007** und **219 117**. AUFNAHME: MATHIAS BUCHNER

Bild 146 – Auch die „Taigatrommel" – so der respektlose Name für die Reichsbahn-V 200 wegen ihres früher ohrenbetäubenden Lärmpegels infolge fehlender Schalldämpfer – gehörte zu den typischen Diesellokomotiven des Bw Gera. Von 1969 bis 1994 standen die 2.000 PS starken Maschinen aus dem Diesellokwerk „Oktoberrevolution" Lugansk hier im Einsatz. Die Lokparade am Schuppen 2 vom Frühjahr 1991 zeigt **120 358**, **120 304**, **119 157**, **132 012**, **120 048** und **120 289**. Es ist zugleich eine Ansammlung von Dieselloktypen, die jahrelang auf den Strecken Ostthüringens die Zugförderung bestimmten.

Bild 147 – Eine besondere Aktion speziell für Eisenbahnfotografen veranstalteten engagierte Eisenbahner am 14. August 1999. Gut ausgeleuchtet stehen vor dem Lokschuppen 2 die Dampflokomotive **52 8075** der IGE Werrabahn Eisenach und, getarnt als „120 049-2" – diese Nummer trug eine ehemalige Geraer Lokomotive der Baureihe 120 –, die damals von der Leipziger Firma ASP eingesetzte **220 295**. Noch befand sich zu diesem Zeitpunkt die Anlage 2 des Bw Gera in Betrieb. Aufnahme: Mathias Buchner

Bild 148 – Das ehemalige Bahnbetriebswerk zeigt sich auf diesem Bild vom Juni 2002 im letzten Zustand vor der Einstellung der Tfz-Unterhaltung und der Beheimatung von Triebfahrzeugen. Die Lokleitung erstrahlt im neuen Farbanstrich, und die Güterzuggleise unterhalb der Berliner Straße (bei Eisenbahnern wegen des Wasserreichtums als „Quelle" bezeichnet) sind noch in Nutzung.

Bild 149 (rechte Seite) – 13 Jahre später: Am 30. Juli 2015 ist das Gelände am ehemaligen Bw Gera bereits ein Biotop. Der Lokschuppen wächst langsam zu, und nur auf dem Gleis zur früheren Ausschlackstelle (dem „Kanal") stehen die Lokomotiven **202 597** und **202 738** vom „Erfurter Bahn Service" (EBS). Die Lokleitung und weitere Hochbauten der Dienststelle sowie die Gleise der „Quelle" sind bereits abgerissen.

202 597-1

Die Verlegung der Elstertalbahn 2016

Bild 150 – Über das alte Gleis der Elstertalbahn rollt am 28. August 2016 ein Vogtlandbahn-Triebwagen am Abzweig Debschwitz zum Hp Gera Ost. Zwei Monate später werden die Züge in Richtung Wünschendorf das hier noch im Bau befindliche neue zweite Gleis nach Gera-Zwötzen benutzen.

Bild 151 – Am 20. Oktober 2016, vier Tage vor Außerbetriebnahme der alten Trasse der Elstertalbahn über Gera Ost und Gera-Liebschwitz, ist das neue zweite Gleis noch nicht mit dem Abzweig Debschwitz verbunden. Die Gleisjoche für den „Lückenschluss" liegen schon bereit.

Bilder 152 und **153 (linke Seite)** – Die Aufnahme vom 26. Oktober 2016 (großes Bild) entstand zwei Tage nach der Inbetriebnahme der Abzweigs Wolfsgefärth. Das Gleis der (bisherigen) Elstertalbahn an der Einmündung in den Abzweig Debschwitz ist bereits unterbrochen. Im Hintergrund ist die jetzt zweigleisige Strecke zum Bahnhof Gera-Zwötzen mit einem Zug der Erfurter Bahn und den errichteten Schallschutzwänden zu sehen. Das kleine Bild zeigt die Bautafel am Bahnhof Gera-Zwötzen mit der graphischen Darstellung des Neubaus und des heute stillgelegten Streckenteils.

Bild 154 – Die Elstertalbahn (Gera – Weischlitz) verlief ab 1892 mit dem Neubau der Strecke von Wünschendorf nach Gera Sä.Stb. (Gera Süd) in einem östlichen Bogen über Liebschwitz und Zwötzen. Seit dem 24. Oktober 2016 mündet die Strecke am ehemaligen Haltepunkt Gera-Röppisch in die Strecke Gera – Weida (– Probstzella) ein. Das Bild zeigt das 2016 gebaute Verbindungsgleis der Elstertalbahn nahe dem Hp Wünschendorf Nord (der „Bypass" – so die Bezeichnung von DB Netz) zum ebenfalls neu errichteten Abzweig Wolfsgefärth. Der nach Gera-Liebschwitz fahrende Triebwagen der Baureihe 612 benutzt am 2. September 2016 noch das alte Gleis. Rechts die Strecke von und nach Weida. Noch ist der fast fertig gebaute „Bypass" nicht mit der Elstertalbahn verbunden.

Bild 155 – Von der Lasur bot sich im April 2008 dieser Panoramablick auf den Stadtteil Zwötzen und die im Hintergrund sichtbaren Neubauten von Lusan. Auf der Elstertalbahn wird der Vogtlandbahn-„Desiro" der Baureihe 642 in Kürze den Haltepunkt Gera Ost erreichen. Dahinter ist die neue Trasse der Stadtbahnlinie 1 mit der Haltestelle an der Poliklinik in Zwötzen gut auszumachen. Ganz rechts ist die dafür gebaute (und heute nicht mehr benötigte) Unterführung der Straßenbahntrasse unter dem Bahndamm zu erkennen. Dieser Streckenteil der Elstertalbahn ist heute stillgelegt.

Bild 156 – Am 7. April 1994 sind die früheren Anlagen des heute stillgelegten Haltepunktes Gera Ost mit seinem Empfangsgebäude noch gut erkennbar. Das mittlere Gleis führte zum ehemaligen Anschluss Sonntag (zuletzt Betriebsteil der WEMA), und links in Höhe des Fotografen zweigte einstmals in einem engen Bogen der Anschluss „Deutscher Benzol-Vertrieb" ab. Im Hintergrund am Bahnübergang ist das im Jahr 1911 erbaute Stellwerk „Zs" zu erkennen. Der Triebwagen **628 471** verlässt an diesem Morgen aus Greiz kommend den Haltepunkt auf der Fahrt nach Gera Süd.

Bild 157 – Dieses Bild zeigt das inzwischen verkaufte Empfangsgebäude des Bahnhofs Gera-Liebschwitz mit dem 1974/75 hier erneuerten Bahnsteig. Das 1892 in Betrieb genommene und später erweiterte Gebäude zeigt sich in der markanten Ziegelarchitektur der Königlich Sächsischen Staatseisenbahnen. Am 1. April 2001 fährt dort **642 065** als Regionalbahn nach Greiz aus.

Bild 158 (oben) – Erinnerungen an das seit 24. Oktober 2016 stillgelegte Teilstück der Elstertalbahn im Stadtgebiet: Einfahrt des P 5076 aus Weischlitz in Gera-Liebschwitz mit der Lokomotive **110 613**. Drei Postwagen führt der Personenzug im Juni 1975 mit. Links ist noch das alte Dienstgebäude des Schrankenwärters zu sehen, das nach dem Aufstellen von Lichtsignalen (1974) überflüssig wurde. Danach erfolgte die Bedienung der Schranke und der neu aufgestellten Lichtsignale durch den Fahrdienstleiter im Empfangsgebäude.

Bild 159 (oben rechts) – Vor 44 Jahren zeigte sich der Damm der Elstertalbahn zwischen dem Bahnhof Gera Süd und dem Haltepunkt Gera Ost an der Straße der Völkerfreundschaft mit Blick auf die Lasur noch weitgehend frei von Bewuchs. Die Brücke aus dem Jahr 1911 entstand mit dem zweigleisigen Ausbau der Strecke Wünschendorf – Gera Sä. Stb. (Gera Süd). Im Juni 1975 sehen wir hier einen Güterzug nach Greiz, der von **110 579** (Bw Reichenbach) und **50 1304** (Bw Reichenbach/Est Greiz) gezogen wird. Links und rechts des Fotostandpunktes befinden sich heute eine Tankstelle und ein Autohaus.

Bild 160 (rechts) – Der Bahnhof Gera-Liebschwitz im Zustand vom Mai 1975: Noch stehen die alten Laternen, doch bereits im Hintergrund ist der neue Bahnsteig mit den modernen Lampen zu erkennen. Ganz links liegt das Gleis 1 des Bahnhofs, das zugleich den Anschluss zum damaligen VEB Maschinen- und Dampfkesselbau Gera herstellt. **50 2652** des Bw Reichenbach (Einsatzstelle Greiz) wartet mit einem Güterzug die Kreuzung mit dem P 5076 aus Weischlitz ab.

Hof Hbf
Via Zeulenroda
VT 33
76

Bild 161 (linke Seite) und **162 (rechts)** – Wir wechseln auf die Strecke Gera – Weida. Der Bahnhof Gera-Zwötzen wurde in den letzten Jahren mehrfach umgebaut. Zuerst im Jahr 2000 mit dem Abbau aller Nebengleise und der Errichtung eines neuen Bahnsteiges (Inbetriebnahme: 13. Juli 2000). Dabei wurde das Hauptgleis in die Lage des 1946 abgebauten Richtungsgleises Gera – Weida verschwenkt. Das Ausfahrsignal blieb bis zum Abbau noch an alter Stelle stehen. Am 6. September 2000 ist der „Regio-Sprinter“ **VT 33** der Vogtlandbahn auf dem Weg nach Hof. 2004 folgte der erneute Umbau des Bahnsteiges. Am 18. Juni 2004 ging der umgebaute Bahnsteig in Betrieb, der zugleich Verknüpfungsstelle zu Straßenbahn und Bus ist. **218 359** durchfährt am 19. Oktober 2006 mit der hier zulässigen Höchstgeschwindigkeit von 100 km/h am „Vier-Länder-Express“ nach München den Bahnsteig.

Bild 163 (oben) – Im April 1993 sehen wir den Bahnhof Gera-Zwötzen im alten Zustand vor dem ersten Umbau. Das frühere zweite Streckengleis nach Weida ist seit 1946 abgebaut, und lediglich ein kleines Reststück nahm bis 1991/92 das Anschlussgleis zum VEB WEMA Union in der Zoitzbergstraße auf, das auch über die Weiße Elster führte. Zum Aufnahmezeitpunkt war es bereits außer Betrieb. Der aufgestellte Prellbock dokumentiert die Veränderungen dieser Zeit.

Bild 164 (oben links) – 25 Jahre später: Anstelle der doppelten Kreuzungsweiche und des Anschlussgleises liegt der 2000 neu gebaute und 2004 erweiterte Bahnsteig. Heute halten hier Straßenbahn und Bus des Stadtverkehrs ebenso wie die Züge nach Saalfeld und Blankenstein, Greiz und Weischlitz sowie Zeulenroda und Hof. Am 2. Juli 2018 wartet der Tw **206** auf die Rückfahrt nach Lusan.

Bild 165 – Auf dem 2016 neu errichteten Kopfbahnsteig steht am 28. Mai 2017 **VT 310** der Erfurter Bahn zur Fahrt nach Weimar bereit, und links fährt der aus Weischlitz kommende **VT 51** der Vogtlandbahn vorbei. Die Schallschutzwände haben hier das Erscheinungsbild komplett verändert. Ganz links liegt die Weiche am Beginn des zweigleisigen Abschnittes nach Gera Hbf.

Bild 166 – Die Veränderungen des Bahnhofes Gera-Zwötzen beim Umbau im Jahr 2000 zeigen die Bilder dieser Seite am Beispiel der nördlichen Ausfahrt mit Blick in Richtung Südbahnhof. Am 24. Mai 1994 liegen hier noch die nicht mehr genutzten Nebengleise. Der Bahnhof verfügte früher über eine Laderampe, eine 150 m lange Ladestraße mit Kran und einen Güterschuppen. Im Gleisplan des Jahres 1979 ist der (bereits als stillgelegt ausgewiesene) Anschluss zur früheren Firma Schulenburg & Bessler noch mit der Firmenbezeichnung „Gewosei“ (Geraer Woll- und Seidenweberei, später BT 3 des VEB Modedruck Gera) bezeichnet. Im Hintergrund ist das „Fahrt frei“ zeigende Einfahrsignal zu erkennen. Ganz links steht das Stellwerk „Zn“, das für die Bedienung der Schranke (Lange Straße) und der Signale zuständig ist. Der nach Saalfeld fahrende Regionalexpress wird an diesem Tag von **219 125** und **219 072** gezogen.

Bild 167 – Sechs Jahre später sind alle Nebengleise bereits verschwunden. Das durchgehende Hauptgleis zeigt sich im neuem Zustand. Der durchfahrende Güterzug mit Schrott für das Stahlwerk Thüringen wird am 18. September 2000 von **232 362** gezogen. Noch wenige Jahre zuvor hätte der aus Cheb (Eger) nach Unterwellenborn verkehrende Zug nicht über Gera (mit Richtungswechsel) fahren müssen. Grund ist die Stilllegung der 4,7 km langen Strecke Wünschendorf (Elster) – Weida am 1. Mai 1997, der die Abbestellung des Schienenpersonennahverkehrs durch das Land Thüringen am 2. Juni 1996 vorausgegangen war. Diese kurze Strecke südlich von Gera ermöglichte die direkte Führung von Zügen aus (Zwickau –) Werdau bzw. (Cheb –) Weischlitz zur Strecke Gera – Weida – Saalfeld ohne den Umweg über Gera Hbf.

Bild 168 – Hoch oben vom Zoitzberg blicken wir am 11. Oktober 1993 auf die im Talgrund verlaufende Elstertalbahn mit dem Liebschwitzer Viadukt über die Weiße Elster nebst dem markanten Silo der Firma HaGeVa. Im Hintergrund markiert die Abdampffahne eines gerade im Hp Gera-Röppisch abgefahrenen Personenzuges aus Saalfeld mit der Lokomotive **65 1049** den Verlauf der Strecke Weida – Gera. Beide Strecken verlaufen gut 400 Meter südlich ein kurzes Stück direkt nebeneinander (siehe Bild 154 auf Seite 97), auch wenn die Weidaer Strecke dabei etwas höher liegt.

Bild 169 – Mit der Einbindung der Elstertalbahn am neuen Abzweig Wolfsgefährth erfolgte auch der zweigleisige Ausbau des Streckenteils zwischen dem Abzweig Debschwitz und Gera-Zwötzen. Seit dem 24. Oktober 2016 besitzt der ehemalige Haltepunkt betrieblich u.a. auch wegen des neu gebauten Kopfbahnsteiges wieder den Status eines Bahnhofes. Am 15. Februar 2017 fährt ein leerer Kesselwagenzug aus dem Tabeg-Lager Lederhose mit einer G 1206 der Firma Infraleuna auf dem neuen Gleis. Rechts sind die beim Umbau errichteten Schallschutzwände zu sehen.

Bild 170 – Vom Heeresberg bei Röppisch im Süden der Stadt gibt es einen guten Blick auf den nach Weida verlaufenden Bahndamm parallel zur Bundesstraße 92. Im April 1994 ist ganz hinten links im Bild noch das 2007 abgebrochene Empfangsgebäude des damaligen Haltepunktes Gera-Röppisch zu erkennen. Das Motiv wird von dem aus Saalfeld kommenden und von einer Lok der Baureihe 219 geführten Regionalexpress bestimmt. Diese Aufnahme dokumentiert übrigens sehr gut den weiten Bogen, der diese Strecke bis zum Strecken-km 80,2 direkt an die Elstertalbahn führen wird.

Bild 171 (oben links) – Die Bilder auf dieser Seite erinnern an die Dampflokzeit zwischen Gera-Zwötzen und Gera-Röppisch. Am 6. Mai 1975 blicken wir auf den noch fast völlig frei von Bewuchs liegenden Bahndamm an der heutigen Bundesstraße 92 in Unterröppisch. Pünktlich gegen 17:40 Uhr erreicht der nach Saalfeld fahrende E 805 (Leipzig – Sonneberg) mit der Saalfelder **01 0522** die alte Fernsprecherbude, neben der früher auch noch das Blocksignal von Gera-Röppisch stand. In bester Berufsverkehrszeit sehen wir kein einziges Auto auf der damaligen Fernverkehrsstraße...

Bild 172 (oben rechts) – Am Bahnsteig des Haltepunktes Gera-Röppisch fährt im Juni 1975 der von **41 1232** gezogene P 3023 (Leipzig – Gera – Saalfeld) ein. Das ursprünglich vorhandene zweite Gleis der Strecke lag links neben den Bänken des Bahnsteiges. Heute zweigt hier nahe des sichtbaren Kilometersteins 79,8 der 2016 errichtete „Bypass" zur Elstertalbahn ab. Rechts davon lagen zwischen 1875 und 1892 die Gleise und das Heizhaus (Lokschuppen) der Sächsisch-Thüringischen Eisenbahn-Gesellschaft (später K.Sä.St.Eb.).

Bild 173 (rechts) – Ebenfalls am 6. Mai 1975 erwartete der Fotograf in Höhe der heute hier stehenden Aral-Tankstelle in Lusan einen schweren Güterzug mit den Lokomotiven **44 0104** (Bw Saalfeld) und **58 3041** (Bw Gera, Lokbf Wünschendorf). Auch hier war der Bahndamm vor fast 45 Jahren noch weitgehend frei von Bäumen und Sträuchern. Zur Erinnerung an das Management der DB Netz AG: Wo keine Bäume an den Gleisen stehen, bleiben diese auch bei Sturm und Unwettern frei von umgeworfenen Hindernissen... Anders gesagt: Der Klimawandel ist nicht für alles verantwortlich!

Bild 174 (oben links) – Das 1875 errichtete Empfangsgebäude von Gera-Röppisch (ursprünglich Wolfsgefärth, ab 1953 Gera-Röppisch) ist im Juni 1995 augenscheinlich noch bewohnt, wie die Blumenkästen an den Fensterstöcken beweisen. Mehr als desolat wirkt zu diesem Zeitpunkt schon der ehemalige Güterschuppen. Alle Gebäude sind im Jahr 2007 abgebrochen worden. Heute verläuft hier die umverlegte Bundesstraße 92. Von 1875 bis 1892 mündete hier die Elstertalbahn aus Weischlitz in die Strecke Gera – Weida (der Th.E.G.-Strecke Gera – Eichicht). Wolfsgefärth war mit Eröffnung der Elstertalbahn durch die Sächsisch-Thüringische Eisenbahn-Gesellschaft (Sä-Th.E.G) im Jahr 1875 zunächst eine Gemeinschaftsstation beider privater Bahngesellschaften. Nach dem Verkauf der Sä-Th.E.G. am 1. Juli 1876 an die Königlich Sächsischen Staatseisenbahnen und der Th.E.G. am 1. Mai 1882 an die Preußische Staatsbahn (Th.E.G.) war es schließlich auch Gemeinschaftsbahnhof beider Länderbahnen.

Bild 175 (oben rechts) – Seit dem 24. Oktober 2016 zweigt hier wieder die Elstertalbahn nach Weischlitz ab. Die Bundesstraße 92 verläuft jetzt auf früherem Bahnhofsgelände. Am 25. Oktober 2016, dem zweiten Tag des Betriebes auf dem sogenannten „Bypass“, ist der planmäßige Güterzug zur Bedienung des Chemiewerkes Greiz-Dölau zu sehen.

Bild 176 (links) – So zeigte sich der Haltepunkt am Ende seines Bestehens: Am 27. Mai 1998 durcheilt **229 184** mit dem InterRegio nach Karlsruhe Gera-Röppisch. Lediglich vier Jahre (28. Mai 1995 bis 29. Mai 1999) bestand diese Fernverbindung nach Süddeutschland, die über Hof, Nürnberg und Stuttgart ins badische Karlsruhe führte. Ganz links stehen noch die Bäume, die 1875 bei Errichtung der Station gepflanzt wurden.

Bild 177 – Der Haltepunkt Gera-Röppisch (früher Wolfsgefärth, Strecken-km 79,8), fotografiert im Januar 1999, knapp ein Jahr vor seiner Schließung. Zu diesem Zeitpunkt wurde er kaum noch von Reisenden genutzt, weshalb er ab 28. Mai 2000 auch nicht mehr in den Kursbuchtabellen erschien. Das Bild zeigt **219 178** mit einem Regionalexpress auf der Fahrt nach Saalfeld. Von den Nebengleisen ist zum Aufnahmezeitpunkt fast nichts mehr zu sehen. Übrigens: Der neue Haltepunkt Wolfsgefärth (Strecken-km 81,0) wurde weiter südlich in Höhe des gleichnamigen Ortes am 20. Dezember 1999 eröffnet und kostete 750.000 DM. Damals warb die DB AG mit täglich 62 hier haltenden Zügen. Aktuell (Jahresfahrplan 2018/19) ist der Haltepunkt für nur noch 26 Züge Bedarfshalt, alle anderen rauschen durch!

Die Geraer Straßenbahn zwischen 1990 und 2018

Nach der politischen Wende und der Wiedervereinigung zeigte sich die Straßenbahn in der ehemaligen Bezirkshauptstadt ganz im Zeichen der widersprüchlichen Entwicklung der letzten Jahrzehnte: Nach der Einstellung des Betriebes nach Untermhaus am 16. Juni 1968 und nach Zwötzen am 14. November 1971 (über Wintergarten) folgte schon wenige Jahre später die Erweiterung des Streckennetzes in das Neubaugebiet Lusan. Abschnittsweise wurde die neue Strecke am 7. Oktober 1977 bis zur Wendeschleife Zeulenrodaer Straße und am 27. Oktober 1979 bis zur Endhaltestelle Zeulsdorf dem Betrieb übergeben. Das zweite große Neubaugebiet in Bieblach Ost erhielt zwischen dem 18. Dezember 1986 und dem 24. April 1989 eine neue Straßenbahnlinie. Einher ging die komplette Erneuerung des Fahrzeugparkes mit der ab 1979 erfolgten schrittweisen Beschaffung von Tatra-Zügen der Bauart KT4D des Herstellers ČKD Prag. Am 26. Oktober 1990 verkehrte hier letztmalig planmäßig ein LOWA/Gotha-Straßenbahnzug.

Die folgenden Jahre brachten im Zusammenhang mit der 2007 ausgerichteten Bundesgartenschau (BUGA) und dem Umbau des Eisenbahnknotens Gera weitreichende Veränderungen. Bereits im Jahr 1995 erfolgte die Grundsteinlegung für einen neuen Betriebshof mit Werkstatt auf dem ehemaligen Gelände der WEMA Union in der Zoitzbergstraße. Der neue Betriebshof nahm im Juli 1997 den Betrieb auf, dem genau ein Jahr später, im Juli 1998, die Übergabe der neuen Straßenbahnhauptwerkstatt folgte. Das bisherige Depot in der De-Smit-Straße, die Buswerkstatt in der Meuselwitzer Straße (ehemalige Werkstatt der schmalspurigen Gera-Meuselwitz-Wuitzer Eisenbahn) und die Abstellgleise der Wendeschleife in Zwötzen konnten jetzt aufgegeben werden. Neben der Modernisierung der Energieversorgungsanlagen zählten der Neubau der Heinrichsbrücke über die Weiße Elster (1997), der Umbau der Zentralen Umsteigestelle in der Heinrichstraße (1998) an den neu errichteten Gera Arcaden (am Platz des früheren Interhotels) sowie zahlreiche Gleiserneuerungen zu den wichtigsten Neuerungen im ausklingenden 20. Jahrhundert.

Mit der Inbetriebnahme des ersten Teils der im Zentrum gebauten zentralen Wendeschleife via Schüler-, Enzian- und Talstraße am 2. September 2000, der im Jahr 2004 noch das Betriebsgleis in der Reichsstraße zwischen der Heinrichstraße und dem Stadtgraben folgte, hatte ein neuer Zeitabschnitt in der Geschichte der nun schon über 100 Jahre alten Geraer Straßenbahn begonnen. 110 Jahre nach Eröffnung des Straßenbahnbetriebes in Gera (22. Februar 1892) folgte am 20. August 2002 der erste Spatenstich zum Bau der rund 6 km langen Stadtbahnlinie 1. Die verbindet wieder Untermhaus mit Zwötzen über den Hauptbahnhof, die Zentrale Umsteigestelle in der Heinrichstraße und dem Wintergarten. Rechtzeitig vor der Bundesgartenschau 2007 konnte das Vorhaben am 3. November 2006 feierlich eröffnet werden. Der aufwändige Bau verläuft auf einer Länge von 5 km auf eigenem Bahnkörper, von dem 2 km wiederum als Rasengleis ausgeführt sind. Die Baumaßnahmen kosteten 57 Mio. Euro. Zwölf neue Niederflurtriebwagen des Typs NGT8G (Talbot/Bombardier) wurden 2006 und 2008 beschafft.

Gleichzeitig wurden im Zusammenhang mit dem Umbau des Eisenbahnknotens Gera drei neue Verknüpfungsstellen zwischen dem Nahverkehr (Straßenbahn/Bus) und dem Eisenbahnverkehr geschaffen. Den Anfang machte am 18. Juni 2004 die Eröffnung der neuen Wendeschleife direkt am Bahnhof Gera-Zwötzen mit einem gemeinsamen Bahnsteig für alle drei Verkehrsmittel. Die alte Linienführung zur jetzt überflüssigen Wendeschleife Zwötzen über die Ruckdäschel-Straße wurde zugleich aufgegeben. Mit dem Umbau der Eisenbahnanlagen, der am 22. April 2007 im Wesentlichen beendet war, gab es am neuen Haltepunkt Gera Süd in der Heinrichstraße und mit dem Tunnel unter dem Hauptbahnhof zwei weitere direkte Umsteigemöglichkeiten.

Der Euphorie über die neue Stadtbahnlinie folgte schon kurze Zeit später die Ernüchterung: Nach der deutschlandweit für Aufmerksamkeit sorgenden Insolvenz der Geraer Stadtwerke am 27. Juni 2014 meldete am 3. Juli die Tochtergesellschaft „Geraer Verkehrsbetrieb GmbH" ebenso Insolvenz an. Mit deren Abschluss und dem Kauf des Anlagevermögens durch die Stadt Gera firmiert das Unternehmen heute als „GVB Verkehrs- und Betriebsgesellschaft Gera mbH". Die Beschaffung neuer Straßenbahnen erfolgte bislang nicht. Gera gehört deshalb heute zu den wenigen Straßenbahnbetrieben im Osten Deutschlands, die noch (modernisierte) Tatra-Straßenbahnen im Liniendienst einsetzen. Vor 2023 wird es keine neuen Fahrzeuge geben. Der geplante und seit Jahren umstrittene Neubau der Linie 4 von Tinz nach Langenberg im Zuge des „Stadtbahnprogramms II" sorgt seit Jahren für kontroverse Diskussionen in der finanziell klammen Stadt. Das Vorhaben erlebte zwar den symbolischen ersten Spatenstich und erste Arbeiten im Umfang von rund 1 Mio Euro, liegt aber seit Jahren brach. Im Oktober 2018 lehnte der Stadtrat einen Einwohnerantrag gegen den Bau ab und hält damit am 28,7 Mio. Euro teuren Projekt (Preisstand 2018) fest. Wegen des noch fehlenden Eigenmittelnachweises (7,6 Mio Euro) wird mit einem Baubeginn nicht vor 2026 gerechnet. ❑

Bild 178 – Triebwagen (Tw) **318** verlässt im August 1994 die Zentrale Umsteigestelle in der Heinrichstraße auf dem Weg nach Bieblach Ost. Blickfang ist das 1965/67 erbaute und 1997 abgerissene ehemalige Interhotel, zuletzt als „Maritim" firmierend. Diese Aufnahme zeigt das rund drei Jahrzehnte lang gewohnte Bild der Haltestellen an der Heinrichstraße, der früheren Straße der Republik. Hinter dem Triebwagen ist noch die monströse Digitaluhr zu erkennen, die schon kurze Zeit nach dem Aufstellen von den Geraern wegen ihrer Form ironischerweise den Namen „Panzerfaust" erhielt.

Bild 179 (links) – Der Bau des 2003 eröffneten Einkaufszentrums Elsterforum – nach Eigentümerwechsel und angekündigtem Umbau künftig als „Otto-Dix-Passage" firmierend – sorgte für große Veränderungen zwischen dem Museumsplatz und dem Areal von Sorge und Hinter der Mauer. Mit der Errichtung des Gebäudes verschwand auch die dortige Grünanlage. Die Straßenbahn unterquert seitdem in einem Tunnel das Einkaufszentrum. Am 24. August 1994 ist der Tw **302** als Linie 1E zur inzwischen abgebauten Wendeschleife Tinz am Museum unterwegs. Noch steht das Hotel „Maritim". Das Motiv zeigt auch die seit 1984 hier verlaufende Linienführung der Straßenbahngleise durch die Grünanlage. Noch besitzt der Triebwagen die alte Lackierung.

Bild 180 (oben) – Acht Jahre später hatte sich das Bild hier schon grundlegend geändert: Im Juli 2002 ist die Grünfläche längst abgetragen und das Elsterforum bereits im Bau. Die Trasse der Straßenbahn besitzt bereits die heutige Lage. Rechts ist die nördliche Begrenzungswand des künftigen Tunnels durch das Einkaufszentrum zu sehen. Bedingt durch die Bauarbeiten bestand zu diesem Zeitpunkt noch die eingleisige Betriebsführung. Im Hintergrund halb verdeckt sind das Stadtmuseum und die Gera Arcaden anstelle des Hotels „Maritim"zu sehen. Tw **314** besitzt jetzt die aktuellen Farbgebung.

Bild 181 (rechte Seite) – An der Zentralen Umsteigestelle in der Heinrichstraße gegenüber dem Hotel „Maritim" wartet Tw **310** mit Ziel Wendeschleife Zwötzen auf die Abfahrt. Rechts im Bild steht ein Ikarus-Gelenkbus zur Fahrt nach Untermhaus (Leibnizstraße) bereit. Beherrscht wird die Szene durch das Hochhaus in der Heinrichstraße und das Stadtmuseum. Die Häuserfronten der Johannisgasse sind im August 1994 noch nicht von dem später erbauten Elsterforum verdeckt.

2 WS Zwötzen
310
6-DX 636

Bild 182 (oben links) – Direkt an den Gera Arcaden in der Heinrichstraße befindet sich die am 6. November 1998 nach Umbau eingeweihte neue Zentrale Umsteigestelle für Straßenbahn und Bus, aufgenommen im Juni 1999. Zu diesem Zeitpunkt besitzt der Triebwagen **363** noch seine alte Farbgebung.

Bild 183 (oben rechts) – Bis zur Fertigstellung des neuen Straßenbahndepots mit Hauptwerkstatt im Juli 1997 bzw. Juli 1998 war das im April 1908 in Betrieb genommene und in der Neuen Straße errichtete Straßenbahndepot in Betrieb. Am 16. August 1991 steht dort der historische Tw **16** aus der LOWA-Produktion in den Farben der Nachkriegszeit. Im Hintergrund steht ein Tatra-Triebwagen, der noch die ursprünglich mittig geteilten Seitenscheiben besitzt, die im oberen Teil als Schiebefenster geöffnet werden konnten.

Bild 184 (links) – Fast schon wieder vergessen ist die inzwischen längst abgetragene und 2004 stillgelegte Wendeschleife in der Zwötzener Straße. Im März 1994 steht dort der Triebwagen **341**. Zur Wendeschleife gehörten auch zahlreiche Abstellgleise.

Bild 185 – Einen Anblick, den man sich heute ohne die bildliche Wiedergabe des Zustandes vom Mai 1997 kaum mehr vorstellen kann: Das stadtbildprägende „Interhotel" ist bereits abgetragen und die Gera Arcaden sind noch nicht gebaut, so dass der Platz an der Heinrichstraße regelrecht „nackt" erscheint. Der Triebwagen **362** besitzt zu diesem Zeitpunkt noch die alte Farbgebung.

2 WS Zwötzen
329
Müller
Leben ist mehr!
Fitnesscenter FACTORY
07546 Gera

Bild 186 (linke Seite) – Eine der Geraer Besonderheiten: Die Hausdurchfahrt der am 3. Juni 1984 eröffneten Straßenbahntrasse „Hinter der Mauer", hier noch ohne das später erbaute Einkaufszentrum Elsterforum. Das entstand ab 2002 auf der links zu sehenden Grünanlage. Zuvor standen hier die westlich gelegenen Häuser der sehr engen Johannisgasse. Tw **329** in alter Farbgebung durchfährt im August 1994 das markante Ensemble im Zentrum der Stadt.

Bild 188 (rechts) – Dieses Bild erinnert an die frühere Lage der Gleise in der Heinrichstraße, die zum Depot sowie zu den Anschließern des Güterverkehrs (Einstellung 1963) führten. Am 13. Juli 1998 gab es letztmalig die Möglichkeit, direkt an den noch nicht fertig gestellten Gera Arcaden einen Straßenbahntriebwagen zu fotografieren. Tage zuvor war das alte Straßenbahndepot mit Werkstatt geschlossen worden, nachdem die in Zwötzen errichteten Neubauten im Juli 1997 (Depot) und Juli 1998 (Werkstatt) den Betrieb aufnahmen. Die Ehre des letzten hier zu sehenden Triebwagens wurde dem 1905 gebauten historischen Tw **29** (ex Plauen 25) zuteil, der mittels LKW bewegt wurde. Das Gleis wurde wenig später abgebaut.

Bild 187 – Die zentrale Wendeschleife im Stadtzentrum von Gera wurde am 2. September 2000 feierlich eröffnet. Umfangreiche Gleisneubauten in der Schüler-, Enzian- und Talstraße waren dafür notwendig. Am Eröffnungstag gab es auch Sonderfahrten mit dem historischen MAN-Triebwagen **12** aus dem Jahr 1928, hier an der Einmündung Talstraße/Enzianstraße.

Bild 189 (oben links) – Am 18. Juni 2004 feierte Gera die Inbetriebnahme des erweiterten Bahnsteiges am Haltepunkt Gera-Zwötzen mit der neuen Wendeschleife für Straßenbahn und Bus. Damit endete auch der Betrieb zur Wendeschleife in der Zwötzener Straße. Oberbürgermeister Ralf Rauch (rechts im Bild) hat mit seinem späteren Herausforderer und damaligen GVB-Chef Dr. Norbert Vornehm vor dem geschmückten Tw **361** Aufstellung genommen.

Bild 190 (oben rechts) – Über die Ruckdäschel-Straße lief bis Juni 2004 der Straßenbahnbetrieb zur Wendeschleife in der Zwötzener Straße, die nach der Unterbrechung des Verkehrs über den Südring (1971) entstand. Das Bild vom Dezember 2000 zeigt den Solo-Tw **359** auf der Fahrt zur Wendeschleife Lusan/Brüte.

Bild 191 (links) – Die Wendeschleife des 1989 in Betrieb genommenen letzten Teils der Neubaustrecke nach Bieblach Ost hatte für einen geplanten Weiterbau in Richtung Trebnitz bereits die Weichen erhalten. Das Relikt früherer DDR-Planungen verschwand mit der Sanierung der Gleise nach Bieblach Ost im Jahr 2013. Im Winter 2000 fährt der Tw **334** gerade in die Wendeschleife der Endhaltestelle ein.

Bild 192 (oben links) – Der Bau der Stadtbahnlinie 1 erforderte im Stadtteil Pforten die Errichtung eines Unterführungsbauwerkes unter die DB-Strecke Gera – Ronneburg. Das Bild vom Februar 2006 zeigt den damaligen Bauzustand der Neubautrasse mit einem Triebwagen der Baureihe 612 auf dem Streckenteil Gera – Ronneburg der Mitte-Deutschland-Verbindung.

Bild 193 (oben rechts) – Nach der Einweihung des neuen Straßenbahn-Depots am 11. Juli 1997 folgte genau ein Jahr später, am 11. Juli 1998, die feierliche Eröffnung der neuen Werkstatt. An diesem Tag standen hier die geschmückten Triebwagen **349** und **310**. An beiden Tagen konnten Geraer und Straßenbahninteressierte die neuen Betriebsanlagen des GVB besichtigen.

Bild 194 (rechts) – Das wohl teuerste Bauwerk der Stadtbahnlinie 1 befindet sich am Hauptbahnhof mit dem 15 Meter breiten und 70 Meter langen Tunnel, der auf einer Grundwasserwanne ruht. Vom Tunnel führen drei Aufgänge direkt zu den Bahnsteigen des Hauptbahnhofes. Der Schleifwagen **104** fährt im Juni 2017 in das Bauwerk ein. Dem Tunnel fiel der Postbahnsteig zum Opfer, der mit dem Rückzug der DB AG aus dem Postverkehr auf der Schiene überflüssig geworden war.

Bild 195 (oben links) – Es ist vollbracht: Großer Besucherandrang herrschte bei der Eröffnung der neuen Stadtbahnlinie 1 am 3. November 2006 auf dem Puschkinplatz der Stadt. Der Tw **202** wirbt für die neue Linie.

Bild 196 (oben rechts) – Das Areal am alten Pfortener Gut musste durch den Straßenbahneubau komplett umgestaltet werden. Blickfang ist seitdem der ehemalige Turm des Gutes. Das Bild zeigt den Zustand kurz nach Eröffnung der neuen Strecke im November 2006.

Bild 197 (links) – Drei neue Verknüpfungsmöglichkeiten zwischen Straßen- und Eisenbahn entstanden zwischen 2004 und 2007 (Hauptbahnhof, Südbahnhof und Gera-Zwötzen). Am Abzweig Debschwitz der Deutschen Bahn AG verlaufen seit 2006 Straßenbahn und Eisenbahn dicht nebeneinander. Die neue Stadtbahnlinie 1 grenzt dabei an das ehemalige Areal des Bahnhofs Gera Süd. Im März 2018 begegnen sich dort **VT 51** der Vogtlandbahn mit dem Triebwagen **202** der Straßenbahn, der gleich die Haltestelle Wintergarten erreichen wird.

Bild 198 – (rechte Seite) Zwischen der Haltestelle Wintergarten und der Endhaltestelle in Zwötzen verläuft die Stadtbahnlinie 1 teilweise auf unbebauter Flur. Das Bild zeigt die Haltestelle Pforten am 18. April 2016. Im Hintergrund sehen wir die Gleise der DB-Strecke nach Ronneburg und den ehemaligen Ringlokschuppen des 1893 eröffneten und 1926 geschlossenen Heizhauses der Sächsischen Staatsbahn. Der Bau wird seit Jahrzehnten von einem Schrottverwerter genutzt.

Bild 199 – 1997/98 wurde die Heinrichsbrücke erneuert, wobei die Straßenbahn neben der Straßenbrücke ein separates Bauwerk erhielt. Die Szenerie vom 9. Juli 2013 zeigt beide nebeneinander liegenden Überbauten mit dem nach Lusan fahrenden Tw **315**, der ohne Werbung an den Seitenwänden das aktuelle Farbschema der Geraer Straßenbahnen unverfälscht dokumentiert.

Bild 200 (rechte Seite) – Triebwagen **16** (Gotha 1956, ex Tw 130^{II}) und Beiwagen **248** erinnern an alte Farbschemata der Geraer Straßenbahn nach 1945. Die historische Garnitur ist am 1. Oktober 2011 anlässlich der „Verkehrshistorischen Tage“ am Geraer Theater zu sehen. Das am 18. Oktober 1902 als „Fürstliches Hoftheater“ eröffnete Ensemble entwarf der Architekt Heinrich Seeling.

MUSIS·SACRUM
» WOODSTOCK « Das FESTIVAL LEBT!
URAUFFÜHRUNG
Persil
Persil
ATA zum Scheuern und Putzen
Sichtkanten-Triebwagen
16
248
DIE DREIGROSCHENOPER

Bild 201 – Die Haltestelle „Park der Jugend", eine der drei neuen Verknüpfungsstellen zwischen Nah- und Eisenbahnverkehr, aus der Perspektive des DB-Haltepunktes Gera Süd. Mit den Triebwagen **316** (Typ KT4DMC) und **205** (Typ NGT8G) sind am 13. Juni 2013 die beiden aktuell im Einsatz stehenden Straßenbahn-Typen der Stadt zu sehen. Mit dem Stadtbahnprogramm erhielten die Gleise hier eine neue Lage.

Bild 202 – Eines der wenigen Zeitzeugnisse des urspünglich umfangreichen Güterverkehrs auf den Gleisen der Straßenbahn ist noch in der Tschaikowskistraße zu sehen. 1982 wurde der Anschluss zum VEB Werkzeugmaschinenfabrik UNION Gera reaktiviert, nachdem der DDR-Ministerrat 1981 zur Einsparung von Kraftstoffen die Verlagerung solcher Transporte auf die Schiene beschloss. Der Güterverkehr zwischen dem Werkteil in der Zoitzbergstraße (mit regelspurigem Gleisanschluss) und dem Hauptwerk wurde 1985 wieder aufgegeben. Die Oberleitungsmaste stammen aus dem Jahr 1982.

Bild 203 – Für die Bewässerung der zahlreichen Rasengleisabschnitte war der Bau eines Bewässerungswagens (Nr. **152**, ex Dresden 274 065) notwendig, der aus einem Dresdner Wagen entstand.

Bild 204 – Zu den modernisierten Gleisanlagen zählt auch der Abschnitt „Hinter der Mauer", hier vor dem Umbau im Juli 2010 mit dem Tw **351**. Der gehört zu den sechs Tatra-Triebwagen, die von 1999 bis 2003 ein niederfluriges Mittelteil erhielten und als „Niederflurbahn" gekennzeichnet sind.

Bild 205 – Sorgenkind der Stadt ist die Wiesestraße. Die Sanierung sollte innerhalb des Stadtbahnprogramms II längst abgeschlossen sein, fehlende städtische Eigenmittel und die Insolvenz des GVB haben den Baubeginn auf 2019 verzögert. Am 30. Juli 2010 muss der Hilfsgerätewagen **106** den Schleifwagen **104** ins Depot schleppen.